SIEGBERT ORLOWSKI UND WALTER SIBBERTSEN

STATISTIK I

GRUNDLAGEN DER STATISTIK
ERSTER TEIL

demmig verlag KG

CIP-Kurztitelaufnahme der Deutschen Bibliothek

Orlowski, Siegbert:
Statistik : Grundlagen d. Statistik / Siegbert
Orlowski u. Walter Sibbertsen. – Nauheim :
Demmig
(Demmig-Bücher zum Lernen und Repetieren :
Mathematik : Repetitorien)

NE: Sibbertsen, Walter:

Teil 1 (1983).
ISBN 3-921092-52-3

Inhaltsverzeichnis

Verzeichnis häufig verwendeter Formelzeichen

A	Merkmal
a	Konstante
$\tilde{a}$	Anpassungsgröße
B	Merkmal
b	Konstante
$\tilde{b}$	Anpassungsgröße
C	Merkmal, Normierungsgröße
c	Konstante
$C_N^{(n)}$	Kombination
F	Variable der Fisher-Verteilung
i	Beliebige Zahl, Index
j	Beliebige Zahl, Index
K	Beliebige Zahl
k	Beliebige Zahl, Index
M	Anzahl der Elemente eines Merkmals in der Grundgesamtheit
m	Anzahl der Elemente eines Merkmals in der Stichprobe Hilfsgröße
m_k	Moment k-ter Ordnung
$M\{\}$	Arithmetischer Mittelwert
N	Anzahl der Elemente der Grundgesamtheit
n	Anzahl der Elemente einer Stichprobe
$NV(\ )$	Normalverteilung

P	Wahrscheinlichkeit in der Grundgesamtheit
p	Wahrscheinlichkeit in der Stichprobe
$P_N^{(1)}$	Permutation
S	Statistische Sicherheit, einseitig
$\check{S}$	Statistische Sicherheit, zweiseitig
s	Standardabweichung der Elemente einer Stichprobe bei unbekanntem Mittelwert
$\check{s}$	Standardabweichung der Elemente einer Stichprobe bei bekanntem Mittelwert
t	Variable der Student-Verteilung, Integrationsvariable
u	Standardisierte Variable
v	Variable der logarithmischen NV zur Basis e
$V\{\}$	Varianz
$V_N^{(n)}$	Variation
W	Wahrscheinlichkeit
w	Variable der logarithmischen NV zur Basis 10
X	Zufallsvariable
x	Einzelwert einer Zufallsvariablen
$\bar{x}$	Arithmetischer Mittelwert einer Stichprobe
x_A	Kleinster Wert in der Grundgesamtheit
x_E	Größter Wert in der Grundgesamtheit
x_O	Oberer Schwellenwert
x_U	Unterer Schwellenwert
x_{Max}	Lage der relativen Maximums einer Dichteverteilung

x_{50}	Zentralwert, Median
Y	Zufallsvariable
y	Einzelwert einer Zufallsvariablen
Z	Zufallsvariable
z	Einzelwert einer Zufallsvariablen
α	Irrtumswahrscheinlichkeit
Γ	Gamma-Funktion
γ_1	Schiefe
γ_2	Wölbung
λ	Konstante
μ	Arithmetischer Mittelwert der Grundgesamtheit
ν	Freiheitsgrad
ϱ	Korrelationskoeffizient
σ	Standardabweichung der Grundgesamtheit
σ^2	Varianz der Grundgesamtheit
$\emptyset$	Summenfunktion
φ	Häufigkeitsdichte, Funktion

1. Einleitung

Nicht nur Ingenieure, Wirtschaftsingenieure und Mediziner müssen oftmals in der Praxis Meßergebnisse auswerten und beurteilen. Sie müssen Entscheidungen treffen, die sich auf eine Vielzahl von Einzelmessungen und Einzelbeobachtungen stützen, welche zwar gewissen Grundgesetzen gehorchen, daneben aber noch durch unbekannte Einflußgrößen, durch den "Zufall", in ihrer Größe verfälscht werden können.

Ohne Kenntnis der Statistik als angewandte Wahrscheinlichkeitsrechnung kann ein Schluß von den den Zufällen unterworfenen Einzelergebnissen auf statistisch abgesicherte Größen nicht erfolgen. Erst die Methoden der Statistik ermöglichen es, Gesetzmäßigkeiten für Vorgänge, die dem Zufall unterworfen sind, bei gleichzeitiger Abschätzung der Genauigkeit und der Sicherheit der Aussage zu erkennen.

Besonders Angaben über die Genauigkeit und die dazu gehörende Sicherheit sind für die Anwendungen wichtig, folgt doch in vielen Fällen aus einer fehlerhaften und zu weitgehenden Deutung von Ergebnissen eine Abwertung der Statistik mit dem bekannten Satz: "Mit der Statistik läßt sich alles beweisen". Diese Diskriminierung der

Statistik ist grundsätzlich falsch. Es gilt vielmehr die Umkehrung, daß durchgeführte und ausgewertete Versuche ohne Anwendung der Statistik keine Beweiskraft besitzen.

Für eine über den Umfang der Darstellungen in diesem und im Band II hinausgehende Beschäftigung mit der Statistik wird im folgenden auf einige zusätzliche Literatur verwiesen. Insbesondere findet man dort auch ausführlichere Tabellen für die Zahlenwerte der einzelnen Verteilungen als in diesem Band, so daß man sich nicht die Funktionswerte jeweils einzeln errechnen muß.

Kreyszig, E.: Statistische Methoden und ihre Anwendung, Göttingen, Vandenhoeck u. Ruprecht, 7. Auflage (1979)

Lindner, A.: Statistische Methoden, Basel, Birkhäuser-Verlag, 4. Auflage, 1976

Graf, U.; Henning, H.-J.; Stange, K.: Formeln und Tabellen der mathematischen Statistik, Berlin, Springer, 2. Auflage, 1966

Documenta Geigy, Wissenschaftliche Tabellen, Basel, J.R. Geigy A.G., 7. Auflage, 1977

2. Einige Begriffe der Wahrscheinlichkeitsrechnung

In diesem Kapitel werden für die Anwendung der Methoden der Wahrscheinlichkeitsrechnung wichtige Begriffe erklärt. Zur Veranschaulichung dienen dabei das Münzenmodell, das Kartenspiel und das Urnenmodell in ihrer Idealform.

Beim Münzenmodell geht man von einer dünnen Metallscheibe aus, deren Seiten durch Zahl (Z) bzw. Wappen (W) gekennzeichnet sind. Wirft man nun diese Münze, so kann sie auf die eine oder auf die andere Seite fallen. Als Ergebnis gibt es jeweils nur eines der beiden Ereignisse. Vor einem Wurf weiß man nicht, welches der beiden Ereignisse eintreffen wird. Auch haben die Ergebnisse vorangegangener Versuche keinen Einfluß auf das Ergebnis des folgenden Wurfes. Man nimmt allerdings bei dem Münzenmodell an, daß bei sehr vielen Versuchen, im Grenzfall bei unendlich vielen Versuchen, genau so oft Zahl wie Wappen geworfen wird. Die beiden Ereignisse sind beim idealen Münzenmodell gleichwahrscheinlich.Im Vorgriff, die Wahrscheinlichkeit für das Werfen von W bzw. Z ist 1/2.

Das ideale Kartenblatt besteht aus 32 Karten. Hiervon sind je acht der Gruppe Kreuz, Pik, Herz, Karo zugeordnet. In jeder Gruppe gibt es die acht

Werte: Bube, Dame, König, Sieben, Acht, Neun, Zehn, As. Wieder wird angenommen, daß es gleichwahrscheinlich ist, eine der 32 Karten zu ziehen. Im Vorgriff, die Wahrscheinlichkeit für das Ziehen einer Gruppe - z. B. Kreuz - ist 8/32, für das Ziehen eines Wertes beliebiger Gruppe - z.B. eines As beliebiger Gruppe - ist sie 4/32, für das Ziehen eines bestimmten Wertes vorgegebener Gruppe - z. B. Kreuz As - beträgt die Wahrscheinlichkeit 1/32.

Beim Urnenmodell stellt man sich eine Urne gefüllt mit durchnumerierten, eventuell auch verschiedenen farbigen Kugeln 1,2,3,...,N vor. Die Gesamtheit aller Kugeln bildet die Grundgesamtheit, auch Kollektiv oder Population genannt.Die Zahl der Elemente N in dieser Grundgesamtheit kann endlich oder auch unendlich groß sein. Man kann nun an allen Elementen dieser Grundgesamtheit die Bestimmung bestimmter Merkmale, wie Nummer und/oder Farbe, in einer Vollprüfung vornehmen. (Eine Vollprüfung wäre z. B. auch die Untersuchung aller Elemente in einer zerstörenden Werkstoff- oder Lebensdauerprüfung).

Die andere Möglichkeit ist, aus der Grundgesamtheit nur endlich viele Elemente für die Untersuchung auszuwählen. Hierzu zieht man aus der Urne in einem oder mehreren Zügen n Elemente heraus. Die n gezogenen Elemente bilden eine Stichprobe der Grundgesamtheit. Die Reihenfolge der Ereignisse bildet hierin eine zufällige Folge, die Urliste. Damit die Stichprobe repräsentativ für die Grundgesamtheit ist, muß sie so ausgewählt sein, daß sie die Grundgesamtheit "wirklichkeitsgetreu" widerspiegelt. Hierzu ist es notwendig, daß die Elemente der Stichprobe dem Zufall entsprechend gezogen und nicht nach einem subjektiven Verfahren bestimmt werden. Der Experimentator zum Beispiel darf keinen Einfluß auf die Auswahl der Elemente der einzelnen Versuche haben. Desweiteren muß bei der Stichprobennahme gesichert sein, daß die einzelnen Meßwerte der Stichprobe unabhängig voneinander sind. Es darf also nicht das Auftreten des einen Ereignisses das Auftreten oder das Nichtauftreten eines anderen beeinflussen.

Sind diese oft nicht einfach einzuhaltenden Forderungen erfüllt, so nennt man das Ergebnis eines Versuches ein zufälliges Ereignis. Das Ziehen einer Kugel mit der Nummer 8 z. B. ist das zufällige Ereignis 8.

Auf die Problematik bei der Erstellung von Stichproben und deren Auswertung wird in Orlowski/Sibbertsen, Statistik Band 2, näher eingegangen.

Wichtige Begriffe der Statistik sind Wahrscheinlichkeit, Zufallsvariable und Wahrscheinlichkeitsverteilung. Als Zufallsvariable bezeichnet man alle die Merkmale zusammenfassend, die bei einzelnen Versuchen als Ergebnisse möglich sind. Die Zufallsvariable wird immer durch Zahlen ausgedrückt. Bei mehreren Versuchen wird man meistens unterschiedliche Werte der Zufallsvariablen feststellen, den einen Wert seltener, den anderen häufiger. Diese Tatsache beschreibt man durch die Angabe von Wahrscheinlichkeitsverteilungen. Diese geben an, welche Wahrscheinlichkeit jedem einzelnen Wert der Zufallsvariablen zugeordnet wird. Hierbei wird die Wahrscheinlichkeit entsprechend der Definition von Laplace verwendet.

Wahrscheinlichkeit =

$$\frac{\text{Zahl der Fälle mit vorgegebenem Merkmal A}}{\text{Zahl der möglichen Fälle}} = P(A)$$

Die relative Häufigkeit eines Merkmales A in der Grundgesamtheit - z.B. Anzahl der roten Kugeln zur Gesamtheit aller Kugeln - gibt die Wahrscheinlichkeit an, ein Element mit diesem Merkmal zu ziehen. Die im allgemeinen davon abweichende relative Häufigkeit eines Merkmales in einer Stichprobe gibt einen Schätzwert für die in der Grundgesamtheit vorliegende Wahrscheinlichkeit an.

Wahrscheinlichkeiten der Grundgesamtheit werden durch P(A), aus der Stichprobe bestimmte Schätzwerte durch p(A) gekennzeichnet.

Aufgrund der Definition der Wahrscheinlichkeit als relative Häufigkeit eines Merkmales in der Grundgesamtheit bzw. Stichprobe gilt

$$P(A) = \frac{M}{N} \quad ; \quad p(A) = \frac{m}{n}$$

N: Anzahl aller Elemente in der Grundgesamtheit
M: Elemente der Sorte A in der Grundgesamtheit
$(0 \leqq M \leqq N)$
n: Anzahl aller Elemente in der Stichprobe
m: Elemente der Sorte A in der Stichprobe
$(0 \leqq m \leqq n)$

$0 \leqq P(A) \leqq 1 \quad ; \quad 0 \leqq p(A) \leqq 1$

Ein unmögliches Ereignis hat die Wahrscheinlichkeit P(A) = 0. Ein sicheres Ereignis hat die Wahrscheinlichkeit P(A) = 1.

Beispiel: Man bestimme durch Überlegen die Wahrscheinlichkeiten beim viermaligen Werfen einer Münze mit den Seiten W und Z kein-,ein-, zwei-, drei- bzw. viermal W zu werden, wobei es auf die Reihenfolge nicht ankommt.

In der Tabelle 1 werden die verschiedenen Möglichkeiten aufgelistet. Die Anzahl des Merkmals W bei den verschiedenen Ereignissen ist die Zufallsvariable. Sie kann die Werte 0, 1, 2, 3, 4 annehmen. Durch Abzählen stellt man fest, daß es 16 verschiedene mögliche Anordnungen von W und Z bei vier Wurf gibt. Damit besitzt die Grundgesamtheit den Umfang N = 16. Hierbei sind verschiedenen Werten der Zufallsvariablen W auch unterschiedliche Anzahlen von Ereignissen M zugeordnet, zu W = 2 gehört zum Beispiel M = 4. Aus den Quotienten M(W)/N errechnet man sich die relativen Einzelwahrscheinlichkeiten $P(W_i)$ und die relativen

Mögliche Ereignisse	Anzahl W_i	Anzahl der Ereign. $M(W_i)$	Einzelwahrscheinlichkeit $P(W_i)=\frac{M(W_i)}{N}$	Summenwahrscheinlichkeit $\emptyset(W_i) = \sum_{W_j=0}^{W_i} P(W_j)$
Z Z Z Z	0	1	1/16=0,0625	$\frac{1}{16}$ = 0,0625
Z Z Z W Z Z W Z Z W Z Z W Z Z Z	1	4	4/16=0,2500	$\frac{5}{16}$ = 0,3125
Z Z W W Z W W Z W W Z Z W Z Z W Z W Z W W Z W Z	2	6	6/16=0,3750	$\frac{11}{16}$ = 0,6875
Z W W W W Z W W W W Z W W W W Z	3	4	4/16=0,2500	$\frac{15}{16}$ = 0,9375
W W W W	4	1	1/16=0,0625	$\frac{16}{16}$ = 1,000

Tabelle 1: Möglichkeiten bei viermaligem Werfen einer Münze

Summenwahrscheinlichkeiten $\emptyset(W_i)$ durch Aufsummieren der Einzelwahrscheinlichkeiten. So ist die Einzelwahrscheinlichkeit für das Finden von dreimal W nach Tab. 1 gleich $P(3) = 4/16$, die Summenwahrscheinlichkeit für das Finden von einmal, zweimal oder dreimal Wappen gleich $\emptyset(3) = 15/16$. Die Verteilung dieser Wahrscheinlichkeiten als Funktion der Zufallsvariablen bezeichnet man als Wahrscheinlichkeitsverteilung.

In dem obigen Beispiel wurden die jeweiligen Wahrscheinlichkeiten $P(W_i)$ zu den verschiedenen Werten der Zufallsvariablen durch Überlegungen ermittelt. Führt man nun selbst Versuche durch, so wird man bei kleinem Stichprobenumfang n experimentell andere Wahrscheinlichkeitswerte $p(W_i)$ bestimmen. Diese Werte $p(W_i)$ sind Schätzwerte für die wahren Werte $P(W_i)$. Aus der Tatsache, daß man bei einer Stichprobe ein $p(W_j)=0$ bestimmt, darf - im Gegensatz zu einem eventuellen $P(W_j) = 0$ in der Grundgesamtheit - nicht geschlossen werden, daß das Finden von W_j ein unmögliches Ereignis ist. Ein Ereignis mit der Wahrscheinlichkeit $p(A) = 0$ ist nur ein fast unmögliches Ereignis, ein Ereignis mit der Wahrscheinlichkeit $p(A) = 1$ ist nicht notwendigerweise ein sicheres Ereignis. Man darf aus solchen Ergebnissen nur folgern, daß das Ereignis bei vielen Versuchen nur in einem sehr geringen Anteil aller Versuche gefunden (bei $p = 0$) bzw. sehr oft gefunden wird (bei $p = 1$). Diese Aussagen werden durch ein weiteres Beispiel verdeutlicht: In einer Urne seien abzählbar unendlich viele Kugeln durchnumeriert von 1,2,3,...,k,.. Die Wahrscheinlichkeit, bei einem Versuch die Kugel mit der Zahl 100 zu ziehen, ist

$$P(100) = \lim_{k \to \infty} 1/k = 0.$$

Dennoch besteht die Möglichkeit, die Kugel mit der Zahl 100 zu ziehen, weil sie Element der Grundgesamtheit ist. Man kann sich gut vorstellen, daß die Aussagekraft einer Stichprobe mit zufälligen, voneinander unabhängigen Versuchen auf die in der Grundgesamtheit vorliegenden Werte in ihrer Güte vom Stichprobenumfang n abhängt. Je mehr Elemente man ausmißt - im Extremfall alle - umso genauer sind Aussagen über die Grundgesamtheit möglich. Mit noch zu zeigenden Methoden kann zu vorgegebenen Genauigkeitsanforderungen der notwendige Probenumfang bestimmt werden.

Die Wahrscheinlichkeitsrechnung beschäftigt sich mit zufälligen Ereignissen, die in großer Zahl auftreten. Es wird versucht, Gesetzmäßigkeiten für das Auftreten der Ereignisse zu bestimmen. Hat man k verschiedene mögliche Ereignisse A_i ($i = 1,2,...k$), so ordnet man jedem Ereignis seine Wahrscheinlichkeit $P(A_i)$ zu, wobei immer $0 \leqq P(A_i) \leqq 1$ erfüllt sein muß. Im folgenden kennzeichnen die Bezeichnung

$(A_1 + A_2)$ das Ereignis, bei dem entweder A_1 oder A_2 eintrifft,

(A_1, A_2) das Ereignis, bei dem sowohl A_1 als auch A_2 eintreffen,

(A_1 / A_2) das Ereignis, bei dem A_1 eintrifft, unter der Voraussetzung, daß das Ereignis A_2 bereits eingetroffen ist.

Diese Bezeichnungen sind sinngemäß auch auf mehr als zwei Ereignisse erweiterbar. Für die zugehörigen Wahrscheinlichkeiten gelten der Additionssatz und der Multiplikationssatz. Der Additionssatz gilt für zwei beliebige, sich einander nicht ausschließende Ereignisse

$$P(A_1 + A_2) = P(A_1) + P(A_2) - P(A_1,A_2)$$

Der Additionssatz kann auch auf mehr Ereignisse erweitert werden. Die Formel wird dann verhältnismäßig kompliziert.

Für den Sonderfall, daß die Ereignisse $A_1, A_2, \ldots A_k$ paarweise unvereinbar miteinander sind - also $P(A_i,A_j) = 0$ für $i = 1,2\ldots k$ und $j=1,2,\ldots k$ mit $i \neq j$ - gilt der Additionssatz für einander sich ausschließende Ereignisse

$$P(A_1 + A_2 + \ldots + A_k) = P(A_1) + P(A_2) + \ldots + P(A_k)$$

Der Multiplikationssatz für zwei zufällige Ereignisse heißt

$$P(A_1,A_2) = P(A_1) \cdot P(A_1/A_2) = P(A_2) \cdot P(A_2/A_1)$$

Dieser Multiplikationssatz läßt sich auf beliebig viele Ereignisse erweitern.

In dieser Formel drückt $P(A_1/A_2)$ die Wahrscheinlichkeit des Eintreffens des Ereignisses A_1 unter der Bedingung aus, daß A_2 bereits eingetroffen ist. Sie heißt auch bedingte Wahrscheinlichkeit.

Für den Sonderfall, daß die Ereignisse voneinander unabhängig sind, daß also das Eintreffen von A_1 unabhängig vom Eintreffen des Ereignisses A_2 ist und umgekehrt, gilt:

$$P(A_1/A_2) = P(A_1)$$
$$P(A_2/A_1) = P(A_2)$$

In diesem Fall gilt der Multiplikationssatz für zwei zufällige unabhängige Ereignisse

$$P(A_1,A_2) = P(A_1) \cdot P(A_2)$$

Beispiel: Wie groß ist die Wahrscheinlichkeit, aus einem Skatblatt ein As oder eine Karo-Karte mit einem Zug zu erhalten?

Da sich beide Ereignisse nicht gegenseitig ausschließen - denn es gibt auch ein Karo-As - muß der entsprechende Additionssatz angewendet werden.

$$P(A_1+A_2) = P(A_1) + P(A_2) - P(A_1,A_2)$$

Ereignis A_1 : As : $P(A_1) = \frac{4}{32}$

Ereignis A_2 : Karo-Karte : $P(A_2) = \frac{8}{32}$

$P(A_1,A_2)$ läßt sich mit dem Multiplikationssatz berechnen. Da die Ereignisse bei einem einzigen Zug sich nicht gegenseitig bedingen können, ist

$$P(A_1,A_2) = P(A_1) \cdot P(A_2) = \frac{4}{32} \cdot \frac{8}{32} = \frac{1}{32}$$

$$P(A_1 + A_2) = \frac{4}{32} + \frac{8}{32} - \frac{1}{32} = \frac{11}{32} = 0{,}34375$$

Die Wahrscheinlichkeit für das Ziehen eines As oder einer Karo-Karte beträgt 0,344.

<u>Beispiel:</u> Wie groß ist die Wahrscheinlichkeit, aus zwei Kartenspielen beim ersten Zugpaar eine 10 sowohl aus dem Spiel I als auch aus dem Spiel II zu ziehen?

Die Ereignisse sind unabhängig voneinander.

$$P(A_1,A_2) = P(A_1) \cdot P(A_2)$$

Ereignis A_1: Zehn aus Spiel 1: $P(A_1) = \frac{4}{32}$

Ereignis A_2: Zehn aus Spiel 2: $P(A_2) = \frac{4}{32}$

$$P(A_1,A_2) = \frac{4}{32} \cdot \frac{4}{32} = \frac{1}{64} = 0{,}0156$$

Die Wahrscheinlichkeit für das Ziehen von je einer Zehn aus zwei Kartenspielen beträgt 0,0156.

Beispiel: Wie groß ist die Wahrscheinlichkeit, aus einem Kartenspiel beim ersten und beim zweiten Zug jeweils eine Zehn zu ziehen.

Ereignis A_1: Zehn beim ersten Zug: $P(A_1) = \frac{4}{32}$

Ereignis A_2: Zehn auch beim zweiten Zug:
$P(A_2/A_1)$

Die beiden Ereignisse A_1 und A_2 sind nicht unabhängig voneinander und führen auf die bedingte Wahrscheinlichkeit.

Das Ereignis A_1 hat wie im vorhergehenden Beispiel die Wahrscheinlichkeit $P(A_1) = 4/32$. Unter der Voraussetzung, daß A_1 eingetroffen ist, sind nur noch 3 Zehnen in den verbleibenden 31 Karten. Damit ist die Wahrscheinlichkeit, daß auch beim zweiten Zug eine Zehn gezogen wird $P(A_2/A_1) = 3/31$.

$$P(A_1,A_2) = \frac{4}{32} \cdot \frac{3}{31} = 0{,}0121$$

Die Wahrscheinlichkeit für das Ziehen von zwei Zehnen aus einem Kartenspiel beträgt 0,0121 und ist erwartungsgemäß geringer als die errechnete Wahrscheinlichkeit des vorhergehenden Beispiels.

3. Wahrscheinlichkeitsverteilungen

3.1 Allgemeines

Bei den Merkmalen, die an den Elementen der Grundgesamtheit untersucht werden können, unterscheidet man zwischen qualitativen Merkmalen wie Farbe, Geschlecht, Fabrikat usw. und den quantitativen Merkmalen wie Länge, Lebensdauer, Gewicht usw. In diesem Buch werden als Merkmale von Stichproben nur quantitative Ereignisse betrachtet, also solche, deren Größen meßbar sind und deren Werte durch Zahlenangaben und Einheit gekennzeichnet sind. Zwischen zwei verschiedenen quantitativen Merkmalen besteht immer eine Größer-Kleiner-Beziehung.

Bei quantitativen Merkmalen unterscheidet man zwischen diskreten und stetigen Zufallsveränderlichen. Diskrete Merkmale nehmen in einem endlichen Intervall nur endlich oder abzählbar unendlich viele Werte an. Die Merkmalswerte ändern sich sprunghaft. Meistens werden sie durch ganze Zahlen gekennzeichnet (Anzahl von Zuschauern; Anzahl von Produktionsteilen usw.). Kann die Merkmalsgröße in einem endlichen Intervall alle unendlich vielen Zahlen dieses Intervalls annehmen, so liegt eine stetige Zufallsvariable vor, sie ändert sich kontinuierlich. Ihre Werte sind meistens nicht ganzzahlig und kennzeichnen meßbare Größen wie Längen, Flächen usw. Die stetige Veränderliche in ihrer letzten Konsequenz existiert aber nur in der Theorie, weil man in der Praxis die einzelnen Meßwerte immer nur auf endlich viele Dezimale genau angeben kann. Bei einem Meterstab ist zum Beispiel der Millimeter das kleinste Meßintervall und Abmessungen, die zwischen zwei Marken liegen, werden entweder auf- oder abgerundet. Man nennt solche Variable, die an sich stetig, aber durch Rundung in diskrete umgewandelt werden, gekörnte Variable.

Bei einer Stichprobe mit mehreren Versuchen kann bei diskreten Werten der gleiche Wert mehrfach vorkommen, bei stetigen Variablen ist dieses ein fast unmögliches Ereignis, während es wiederum bei gekörnten Variablen vorkommen kann, daß der gleiche Wert mehrfach gemessen wird. Dieses wird umso öfter beobachtet, je gröber die Körnung ist.

Entsprechend der Tatsache, daß man bei den Zufallsvariablen zwischen diskreten und stetigen Merkmalen unterscheidet, unterscheidet man auch bei den Wahrscheinlichkeitsverteilungen zwischen denen für diskrete und denen für stetige Merkmale. Für die bisher ausschließlich behandelten diskreten Merkmale war die Wahrscheinlichkeit definiert worden als $P(x_i) = M(x_i)/N$.

Man bezeichnet $P(x_i)$ auch als Einzelwahrscheinlichkeit. Für die stetigen Merkmale wird eine Funktion $\varphi(x)$ derart definiert, daß $\varphi(x)\cdot\Delta x$ die Wahrscheinlichkeit dafür angibt, ein Ereignis mit dem Merkmal x_i in dem Intervall $x_i - \Delta x/2 \leq x_i \leq x_i + \Delta x/2$ zu finden. $\varphi(x)$ selbst gibt keine Wahrscheinlichkeit an und ist im allgemeinen auch nicht dimensionslos wie die Wahrscheinlichkeit, sondern besitzt die Dimension $[x]^{-1}$. Man bezeichnet $\varphi(x)$ auch als Häufigkeitsdichte oder Wahrscheinlichkeitsdichte.

Zur Beschreibung der Funktion für die Wahrscheinlichkeit einer Zufallsvariablen verwendet man nebeneinander die Einzelwahrscheinlichkeiten $P(x_i)$ bzw. die Häufigkeitsdichte $\varphi(x)$ und die Summenwahrscheinlichkeiten $\emptyset(x)$, zwischen diesen besteht der Zusammenhang

Diskrete Verteilung: $\emptyset(x) = \sum_{x_i=x_A}^{x} P(x_i)$

Stetige Verteilung : $\emptyset(x) = \int_{x_A}^{x} \varphi(t)dt$

wobei x_A der kleinste mögliche Wert ist. Oft ist $x_A = -\infty$ oder $x_A = 0$.

Die Summenverteilung, oder auch kumulierte Wahrscheinlichkeitsverteilung $\emptyset(x)$ genannt, gibt die Wahrscheinlichkeit dafür an, in einer Stichprobe Ereignisse mit Werten der Zufallsvariablen kleiner/gleich x zu finden.

Wegen der Definition als Summenverteilung muß $\phi(x)$ mehrere Bedingungen erfüllen:

1. Für sehr kleine Werte x muß $\phi(x)$ gegen Null gehen

$$\lim_{x \to -\infty} \phi(x) = 0$$

2. Für sehr große Werte x muß $\phi(x)$ gegen Eins gehen

$$\lim_{x \to \infty} \phi(x) = 1$$

3. $\phi(x)$ muß eine monoton steigende Funktion sein.

   Diskrete Verteilung: $\phi(x_{i+1}) - \phi(x_i) \geqq 0$

   Stetige Verteilung : $\frac{d\phi(x)}{dx} \geqq 0$

Will man $\phi(x)$ in analytischer Form darstellen, so sind dafür alle Funktionen geeignet, die die drei Bedingungen erfüllen. Eine spezielle Wahl sollte dem jeweiligen Problem angepaßt erfolgen.

3.2 Diskrete Wahrscheinlichkeitsverteilungen

Die zur Beschreibung und Darstellung von diskreten Wahrscheinlichkeitsverteilungen benutzten Begriffe werden an dem Beispiel der folgenden Verteilung erläutert.

Mit Hilfe später gezeigter Methoden kann man errechnen, wie groß die Wahrscheinlichkeit ist, aus einer Urne mit unendlich vielen Elementen bei einer Stichprobe des Umfanges n = 10 genau

x_i	$P(x_i)$	$\emptyset(x_i) = \sum_{x_j=0}^{x_j=x_i} P(x_j)$
0	0,0060	0,0060
1	0,0403	0,0463
2	0,1209	0,1672
3	0,2150	0,3822
4	0,2508	0,6330
5	0,2007	0,8337
6	0,1115	0,9452
7	0,0425	0,9877
8	0,0106	0,9983
9	0,0016	0,9999
10	0,0001	1,0000

Tab. 2: Häufigkeits- und Summenwahrscheinlichkeiten einer diskreten Veränderlichen (n = 10; P(A) = 0,4)

x_i Teile (x_i = 0,1,2,...,10) der Sorte A zu

finden, wenn der Anteil P(A) = 0,4 in der Grundgesamtheit ist. Die Tabelle 2 zeigt die zugehörigen Werte.

In der Spalte $P(x_i)$ sind die Wahrscheinlichkeiten dafür aufgeführt, in der Probe vom Umfang n = 10 kein, ein, zwei,..., bzw. zehn Teile der Sorte A zu finden. So ist z. B. die Wahrscheinlichkeit genau 4 Teile der Sorte A zu finden P(4) = 0,2508 ≙ 25,08 %.

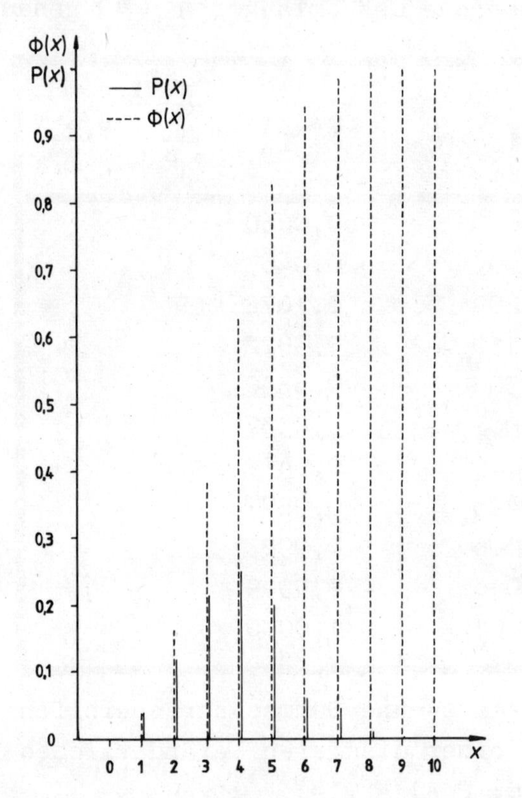

Abb 1: Wahrscheinlichkeitsverteilungen für diskrete Merkmale in der Strichdarstellung

Solche Wahrscheinlichkeitsverteilungen werden im allgemeinen graphisch dargestellt. Man trägt dabei auf der Abszisse die unabhängige Variable, auf der Ordinate die Einzelwahrscheinlichkeiten oder die Wahrscheinlichkeitssumme ab. Da x eine diskrete Veränderliche ist, müssen auch die Verteilungen diskret sein.

In Abb. 1 sind durchgezogen die errechneten Einzelwahrscheinlichkeiten $P(x_i)$ und gestrichelt die Wahrscheinlichkeitssummen $\emptyset(x)$ aufgetragen.

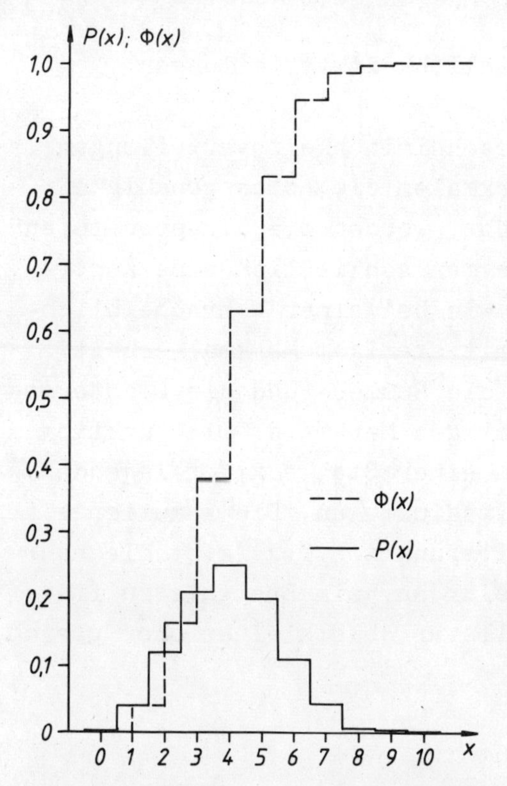

Abb. 2: Wahrscheinlichkeitsverteilung für diskrete Merkmale als Treppenzug

Obwohl diese Darstellung eigentlich diejenige ist, die Verteilungen mit diskreten Veränderlichen angepaßt ist, stellt man sie oft als treppenförmige Linienzüge wie in Abb. 2 dar. Bei der Verteilung der P(x) wurde so getan, als ob alle Ereignisse in einem Intervall $x_i - 1/2 \leq x_i \leq x_i + 1/2$ den konstanten Wert $P(x_i)$ hätten. Bei dieser Art der Darstellung könnte die Kurve auch die Dichteverteilung einer gekörnten Variablen sein.

3.3 Stetige Wahrscheinlichkeitsverteilungen

Wenn man bei Wahrscheinlichkeitsverteilungen mit gekörnten Merkmalen die Ablesegenauigkeit immer weiter erhöht, werden die "Treppenstufen" immer feiner, bis man schließlich eine kontinuierliche Kurve wie bei einer Wahrscheinlichkeitsverteilung mit stetigem Merkmal erhält. Die Abb. 3 zeigt die Summen- und die Dichteverteilung eines stetigen Merkmals. Die Funktion $\varphi(x)$ gibt die an einer Stelle x vorliegende Wahrscheinlichkeitsdichte an. Die kumulierte Wahrscheinlichkeitsfunktion $\emptyset(x)$ gibt die Wahrscheinlichkeit dafür an, ein Ereignis zu finden, dessen Zufallsvariable kleiner oder gleich x ist

$$\emptyset(x) = \int_{x_A}^{x} \varphi(t)\,dt$$

wobei x_A der kleinste mögliche Wert der Zufallsvariablen ist.

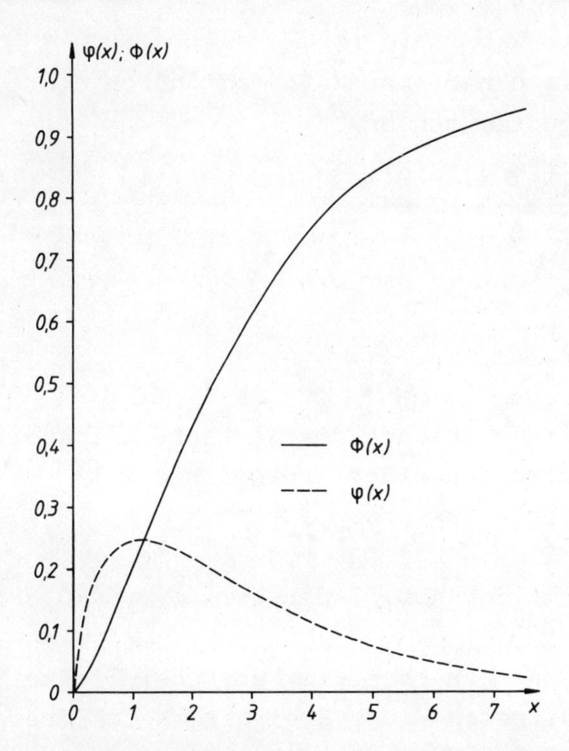

Abb. 3: Wahrscheinlichkeitsverteilung für stetige Merkmale

Die Summenfunktion $\emptyset(x)$ muß die für Wahrscheinlichkeiten geltende Normierungsbedingung

$$\emptyset(x_E) = \int_{x_A}^{x_E} \varphi\,(t)\,dt = 1$$

erfüllen, wobei x_E der größte mögliche Wert von x, oft $+\infty$, ist, t die Integrationsvariable.

Durch Differentiation nach der oberen Grenze erhält man

$$\varphi(x) = \frac{d\emptyset(x)}{dx} = \emptyset'(x)$$

In der Praxis nähert man $\varphi(x)$ oft durch den Differenzenquotienten an

$$\varphi(x_1) \approx \frac{\emptyset(x_1 + \Delta x) - \emptyset(x_1)}{\Delta x}$$

$$\approx \frac{\Delta \emptyset(x_1)}{\Delta x}$$

<u>Beispiel:</u> Man berechne die Wahrscheinlichkeit für das Auftreten eines Ereignisses mit $x \leqq 2{,}5$ (Werte aus Abb. 3)

Man entnimmt der Abb. 3 den Wert $\emptyset(2{,}5)=0{,}525$.

<u>Beispiel:</u> Man berechne die Wahrscheinlichkeit für das Auftreten eines Ereignisses im Bereich $1{,}5 \leqq x \leqq 2{,}5$. (Werte aus Abb. 3)

Man berechnet die Wahrscheinlichkeit
$P(1{,}5 \leqq x \leqq 2{,}5) = \emptyset(2{,}5) - \emptyset(1{,}5) = 0{,}525 - 0{,}325 = 0{,}200$

<u>Beispiel:</u> Man berechne die Wahrscheinlichkeitsdichte für x=2 näherungsweise (Werte aus Abb. 3)

$$\varphi(2) \approx \frac{\emptyset(2{,}5)-\emptyset(1{,}5)}{2{,}5 - 1{,}5} = \frac{0{,}525 - 0{,}325}{1} = 0{,}20$$

Eine immer wieder zu beachtende Tatsache bei stetigen Verteilungen ist, daß immer dann, wenn x eine dimensionsbehaftete oder einheitsbehaftete Größe ist, $\phi(x)$ und $\varphi(x)$ unterschiedliche Dimensionen und Einheiten haben.

3.4 Statistische Sicherheit, Irrtumswahrscheinlichkeit

Für die Angabe von Wahrscheinlichkeiten geht man bei diskreten bzw. stetigen Verteilungen wie im folgenden dargelegt vor. Die Beispiele werden so gewählt, daß die Zahlenwerte der Tab.2 bzw. der Abb. 3 entnommen werden können.

1. Die Wahrscheinlichkeit, bei einer Stichprobe vom Umfang n genau das Merkmal mit x_i-Elementen der Sorte A zu finden, ergibt sich zu:

   a) Diskrete Verteilungen

   Aufsuchen von $P(x_i)$ aus einer Tabelle bzw. berechnen nach dem Aufstellen einer Formel.

   Beispiel: Wie groß ist die Wahrscheinlichkeit, vier Elemente mit dem Merkmal A nach dem Tab. 2 zugrunde liegenden Modell zu finden?

   $P(4) = 0,2508$

   b) Stetige Verteilungen

   Weil bei stetigen Veränderlichen unendlich viele Ereignisse zugelassen werden, ist die Wahrscheinlichkeit ein Merkmal mit genau dem Meßwert x_i zu finden:

$$P(x_i) = \lim_{N \to \infty} \frac{1}{N} = 0$$

2. Die Wahrscheinlichkeit bei einer Stichprobe vom Umfang n nicht das Merkmal x_i zu finden:

a) Diskrete Verteilungen

$$P(x \neq x_i) = 1 - P(x_i); \; x_i = 0,1,2,\ldots n$$

<u>Beispiel:</u> Wie groß ist die Wahrscheinlichkeit, bei einer Stichprobe nicht vier Teile der Sorte A sondern keins, eins, zwei, drei, fünf,..., zehn zu ziehen?

$$P(0;1;2;3;/;5;\ldots;10) = 1-0{,}2508 = 0{,}7492$$

b) Stetige Verteilungen

$$P(x \neq x_1) = 1 - P(x_1) = 1$$

Da die Wahrscheinlichkeit nach 1 b) für das Auffinden von x_1 Null ist, muß die Wahrscheinlichkeit für das Nichtfinden von x_1 gleich eins sein.

3. Die Wahrscheinlichkeit bei einer Stichprobe vom Umfang n kein, ein, zwei ... oder x_i-Elementen der Sorte A bzw. Elemente kleiner oder gleich x_i (einseitige Abgrenzung) zu ziehen, ergibt sich zu:

a) Diskrete Verteilungen

$$P(0+1+2+\ldots+x_i) = P(x \leqq x_i) = P(x < x_{i+1})$$

$$= P(0) + P(1) + \ldots + P(x_i)$$

$$= \emptyset(x_i)$$

<u>Beispiel:</u> Wie groß ist die Wahrscheinlichkeit, kein, ein, zwei oder drei Elemente der Sorte A zu finden (Tab. 2)

$$P(0+1+2+3) = P(x \leqq 3) = P(x < 4) = \emptyset(3)$$

$$= 0{,}0060 + 0{,}0403 + 0{,}1209 + 0{,}2150 = 0{,}3822$$

b) Stetige Verteilungen

$$P(x \leqq x_i) = \emptyset(x_i) = \int_{x_A}^{x_i} \varphi(t) \cdot dt$$

<u>Beispiel:</u> Wie groß ist die Wahrscheinlichkeit, Ereignisse mit
a) $x \leqq 1$; b) $x \leqq 2{,}3$; c) $x \leqq 3$; d) $x_i \leqq 6$
zu erhalten (Modell entspr. Abb. 3)

Die Zahlenwerte werden der Summenkurve von Abb. 3 entnommen.
a) $P(x \leqq 1{,}0) = \emptyset(1{,}0) = 0{,}20$
b) $P(x \leqq 2{,}3) = \emptyset(2{,}3) = 0{,}50$
c) $P(x \leqq 3{,}0) = \emptyset(3{,}0) = 0{,}60$
d) $P(x \leqq 6{,}0) = \emptyset(6{,}0) = 0{,}89$

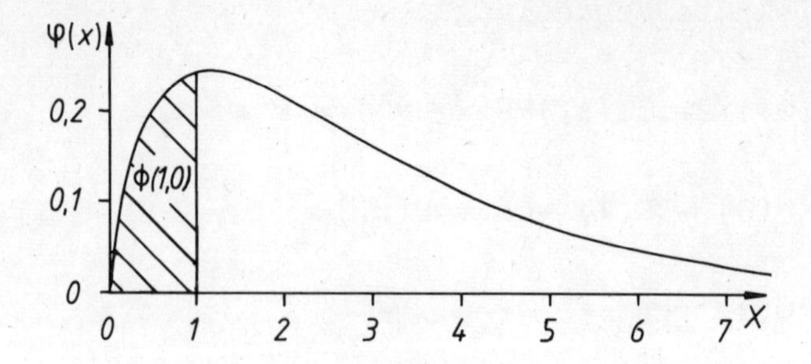

Abb. 4 Veranschaulichung des Beispiels $P(x \leqq 1)$ in der Häufigkeitskurve (vgl. Abb. 3)

Die Abb. 4 zeigt schraffiert die Fläche unter der Kurve $\varphi(x)$, die der Summenwahrscheinlichkeit $\emptyset(1)$ entspricht.

4. Die Wahrscheinlichkeit,bei einer Stichprobe vom Umfang n x_i, x_{i+1} bis x_n Elementen der Sorte A bzw. x_i oder mehr Elemente der Sorte A zu ziehen, ergibt sich zu (einseitige Abgrenzung)

a) Diskrete Verteilungen

$$P(x \geqq x_i) = P(x_i + \ldots + x_n) = P(x > x_{i-1}) =$$

$$= P(x_i) + P(x_{i+1}) + \ldots + P(x_n)$$

$$= \sum_{x = x_i}^{x_n} P(x) = 1 - \sum_{x=0}^{i-1} P(x) = 1 - \emptyset(x_{i-1})$$

<u>Beispiel:</u> Wie groß ist die Wahrscheinlichkeit, 8, 9 oder 10 der Sorte A zu ziehen? Elemente (Tab. 2)

$$P\ (8,9,10) = 0{,}0106 + 0{,}0016 + 0{,}0001$$

$$= 1 - \emptyset(7) = 1 - 0{,}9877 = 0{,}0123$$

Die Summierung ist anschaulich dargestellt in Abb. 5

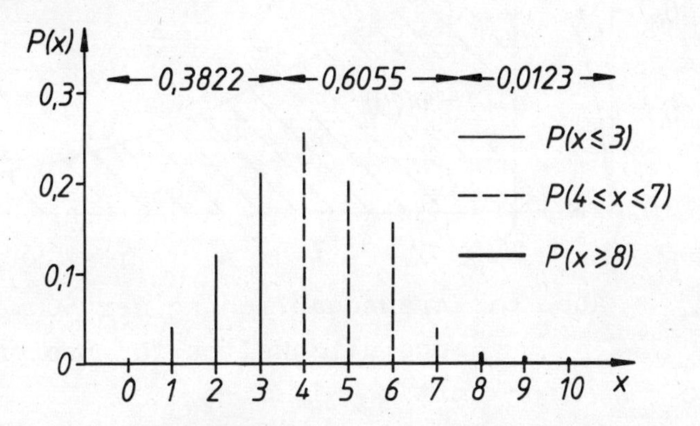

Abb. 5: Darstellungen der Wahrscheinlichkeiten $P(x \leqq 3)$, $P(4 \leqq x \leqq 7)$ und $P(x \geqq 8)$
(Zahlenwerte Tab. 2)

b) Stetige Verteilungen

$$P(x \geqq x_i) = \int_{x_i}^{x_E} \varphi\ (t) \cdot dt = \emptyset(x_E) - \emptyset(x_i)$$

$$= 1 - \emptyset(x_i)$$

<u>Beispiel:</u> Wie groß ist die Wahrscheinlichkeit, Elemente mit a) $x \geqq 1{,}0$; b) $x \geqq 2{,}3$;

c) $x \geqq 3{,}0$; d) $x \geqq 6{,}0$ zu erhalten?

a) $P(x \geqq 1{,}0) = 1 - 0{,}20 = 0{,}80$
b) $P(x \geqq 2{,}3) = 1 - 0{,}50 = 0{,}50$
c) $P(x \geqq 3{,}0) = 1 - 0{,}60 = 0{,}40$
d) $P(x \geqq 6{,}0) = 1 - 0{,}89 = 0{,}11$

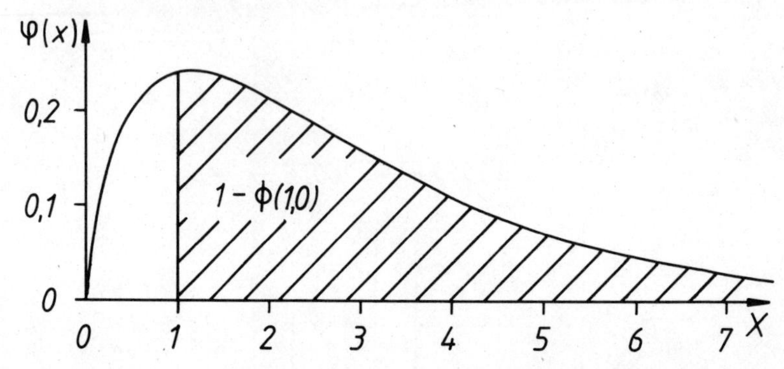

Abb. 6: Veranschaulichung der Summenwahrscheinlichkeiten für Ereignisse mit $x \geqq 1$

5. Die Wahrscheinlichkeit, bei einer Stichprobe x_i, x_{i+1}; x_{i+2}... oder x_j Elementen der Sorte A bzw. Elemente größer gleich x_i und kleiner gleich x_j mit $x_i \leqq x_j$ zu ziehen, ergibt sich zu (zweiseitige Abgrenzung):

a) Diskrete Verteilung

$$P(x_i \leqq x \leqq x_j) = P(x_i + \ldots + x_j)$$
$$= P(x_i) + P(x_{i+1}) + \ldots + P(x_j)$$

$$P(x_i \leqq x \leqq x_j) = \sum_{x = x_i}^{x_j} P(x) = 1 - \emptyset(x_{i-1}) - \left[1 - \emptyset(x_j)\right]$$

$$= \emptyset(x_j) - \emptyset(x_{i-1})$$

<u>Beispiel:</u> Wie groß ist die Wahrscheinlichkeit, vier, fünf, sechs oder sieben Elemente der Sorte A zu ziehen?

$$\begin{aligned} P(4 \leqq x \leqq 7) &= P(4 + 5 + 6 + 7) \\ &= 0,2508 + 0,2007 + 0,1115 + 0,0425 \\ &= \emptyset(7) - \emptyset(3) = 0,9877 - 0,3822 \\ &= 0,6055 \end{aligned}$$

(vgl. Abb. 5)

b) Stetige Verteilungen

$$P(x_i \leqq x \leqq x_j) = \int_{x_i}^{x_j} \varphi(x)\, dx$$

$$= \int_{x_A}^{x_j} \varphi(x)\, dx - \int_{x_A}^{x_i} \varphi(x)\, dx = \emptyset(x_j) - \emptyset(x_i)$$

<u>Beispiel:</u> Wie groß ist die Wahrscheinlichkeit, Ereignisse mit a) $1,0 \leqq x \leqq 6,0$; b) $1,0 \leqq x \leqq 3,0$; c) $1,0 \leqq x \leqq 2,3$ zu finden? Welche mittleren Wahrscheinlichkeitsdichten ergeben sich für diese Intervalle?

a) $P(1,0 \leqq x \leqq 6,0) = \emptyset(6,0) - \emptyset(1,0)$

$$= 0,89 - 0,20 = 0,69$$

$$\frac{\Delta \emptyset}{\Delta x} \approx \frac{0,69}{6,0-1,0} \approx 0,138$$

b) $P(1,0 \leqq x \leqq 3,0) = \emptyset(3,0) - \emptyset(1,0)$

$$= 0,60 - 0,20 = 0,40$$

$$\varphi \approx \frac{0,40}{2,0} \approx 0,20$$

c) $P(1,0 \leqq x \leqq 2,3) = \emptyset(2,3) - \emptyset(1,0)$

$$= 0,50 - 0,20 = 0,30$$

$$\varphi \approx \frac{0,30}{1,3} \approx 0,231$$

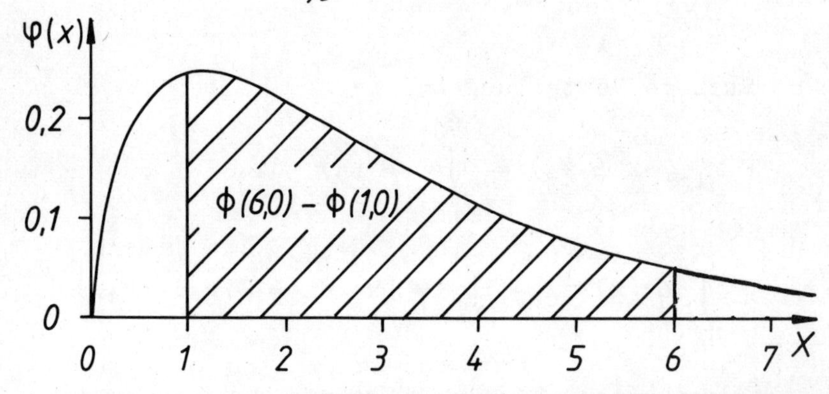

Abb. 7: Veranschaulichung der Wahrscheinlichkeitssumme für Ereignisse mit $1 \leqq x \leqq 6$

6. Die Wahrscheinlichkeit, bei der Stichprobe Ereignisse zu finden, die $0;1..;x_i$ oder $x_j;$ $x_{j+1};..;x_n$ Elemente der Sorte A mit $x_j \geqq x_i$

bzw. Merkmale mit $x_A \leq x \leq x_i$ oder $x_j \geq x \geq x_E$ mit $x_j \geq x_i$ (zweiseitige Abgrenzung) zu ziehen, ergibt sich:

a) Diskrete Verteilungen

$$P(x \leq x_i;\ x \geq x_j) = P(0+1+\ldots+ x_i+x_j+(x_{j+1})+ +\ldots+ x_n)$$

$$= P(0)+P(1) +\ldots+ P(x_i)+P(x_j) +\ldots+ P(x_n)$$

$$= \emptyset(x_i) + \left[1 - \emptyset(x_{j-1})\right]$$

$$= 1 + \emptyset(x_i) - \emptyset(x_{j-1})$$

Beispiel: Wie groß ist die Wahrscheinlichkeit, Null, eins, zwei, drei, acht, neun oder zehn Elemente der Sorte A zu ziehen?

$$P(x \leq 3;\ x \geq 8) = P(0 + 1 + 2 + 3 + 8 + 9+10)$$

$$= P(0) + P(1) + P(2) + P(3) + P(8) + P(9)+ + P(10)$$

$$= 0{,}0060 + 0{,}0403 + 0{,}1209 + 0{,}2150 + 0{,}0106 + 0{,}0016 + 0{,}0001 = 1 + \emptyset(3) - \emptyset(7)$$

$$= 1 + 0{,}3822 - 0{,}9877 = 0{,}3945 =$$

$$= 1 - P(4 \leq x \leq 7) = 1 - 0{,}6055 = 0{,}3945$$

b) Stetige Verteilungen

$$P(x \leqq x_i;\ x \geqq x_j) = \int_{x_A}^{x_i} \varphi(t)\,dt + \int_{x_j}^{x_E} \varphi(t)dt$$

$$= \emptyset(x_i) + 1 - \emptyset(x_j)$$

Beispiel: Wie groß ist die Wahrscheinlichkeit, Elemente mit

a) $x \leqq 1{,}0$ oder $x \geqq 6{,}0$
b) $x \leqq 2{,}3$ oder $x \geqq 3{,}0$
c) $x \leqq 2{,}3$ oder $x \geqq 2{,}3$

zu finden?

a) $P(x \leqq 1{,}0;\ x \geqq 6{,}0) = 0{,}20+1{,}0-0{,}89 = 0{,}31$
b) $P(x \leqq 2{,}3;\ x \geqq 3{,}0) = 0{,}50+1{,}0-0{,}60 = 0{,}90$
c) $P(x \leqq 2{,}3;\ x \geqq 2{,}3) = 0{,}50+1{,}0-0{,}50 = 1{,}00$

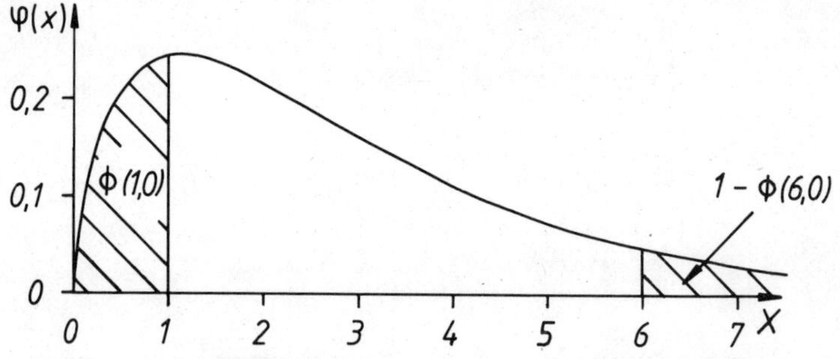

Abb. 8: Veranschaulichung der Wahrscheinlichkeitssumme für Ereignisse mit $x \leqq 1$ oder $x \geqq 6$

Bei den Anwendungen geht man oft von einer anderen Aufgabenstellung aus. Es werden dann nicht Grenzen x_i vorgegeben und zugehörige Wahrscheinlichkeiten P gesucht, sondern es werden Wahrscheinlichkeiten $P = \alpha$, Irrtums- oder Signifikanzwahrscheinlichkeiten genannt, vorgegeben und man sucht die ein- oder zweiseitigen Abgrenzungen, durch die die Wahrscheinlichkeitssumme α eingegrenzt wird. Oft gibt man auch die statistische Sicherheit $S = 1 - \alpha$ vor und sucht dann die zugehörigen Grenzen x_U, x_O.

Die untere Schwelle x_U bei einseitiger Abgrenzung zur statistischen Sicherheit $S = 1 - \alpha$ bestimmt man so, daß man den zugehörigen x-Wert bestimmt, für den gilt, daß die Wahrscheinlichkeit für das Auffinden von Merkmalen zwischen dem kleinsten Wert x_A und x_U gleich α ist.

$$\emptyset(x_U) = \sum_{x_i = x_A}^{x_U} P(x_i) = \alpha$$

Bei diskreten Verteilungen gibt es oft keinen Wert x, der diese Forderung genau erfüllt. Es gilt dann

$$\emptyset(x_{j-1}) < \alpha \leqq \emptyset(x_j)$$

In diesem Fall wird $x_U = x_j$ gesetzt

Beispiel: Man bestimme die untere Grenze x_U bei einseitiger Abgrenzung zur statistischen Sicherheit $S = 0{,}9$ bzw. $\alpha = 0{,}1$

am Beispiel der Werte von Tab. 2. Aus der Tabelle 2 entnimmt man, daß $\emptyset(1) = 0{,}0463$ und $\emptyset(2) = 0{,}1672$ sind, damit liegt der geforderte Wert $\alpha = 0{,}1$ zwischen $1 < x < 2$. Nach der Verabredung wird $x_U = 2$. Abb. 9 veranschaulicht dieses Beispiel.

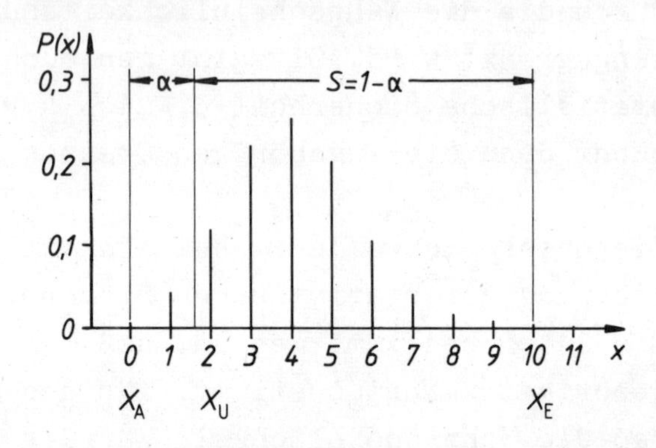

Abb. 9: Untere Schwelle x_U bei einseitiger Abgrenzung zur statistischen Sicherheit $S = 1 - \alpha$ (Werte siehe Tab. 2)

Bei stetigen Zufallsvariablen bestimmt man die untere Schwelle x_U zur statistischen Sicherheit $S = 1 - \alpha$ bei einseitiger Abgrenzung analog. Für x_U gilt, daß die Wahrscheinlichkeit für das Auffinden von Merkmalen zwischen dem kleinsten Wert x_A und x_U genau α ist.

$$\emptyset(x_U) = \int_{x_A}^{x_U} \varphi(x)\, dx = \alpha$$

<u>Beispiel:</u> Wie groß ist die untere Schwelle zur statistischen Sicherheit S = 1 - 0,2 =

0,8 bei einseitiger Abgrenzung (Werte Abb. 3)?

Man kann aus der Abb. 3 den zu $\alpha = 1 - 0{,}8 = 0{,}2 = \emptyset(x_U)$ gehörenden Wert x_U ablesen. $x_U = 1{,}0$.

Die in Abb. 4 schraffiert dargestellte Fläche entspricht der Wahrscheinlichkeit $\alpha = 0{,}2$.

Die obere Schwelle x_O zur statistischen Sicherheit $S = 1 - \alpha$ bei einseitiger Abgrenzung ist definiert bei diskreten Zufallsvariablen durch

$$\emptyset(x_O) = P(x_A) + \ldots + P(x_O) = S = 1 - \alpha$$

Auch hier gibt es bei diskreten Verteilungen oft keinen Wert x, durch den diese Gleichung genau erfüllt wird. Es gilt dann

$$\emptyset(x_j) \leqq 1 - \alpha < \emptyset(x_{j+1})$$

Man verabredet, daß $x_j = x_O$ gesetzt wird. Die Abb. 10 zeigt mit den Werten von Tab. 2 einen Fall, bei dem x_O wegen des vorgegebenen Wertes von S zwischen $5 < x < 6$ liegen müßte, wird aber wegen der obigen Verabredung zu $x_O = 5$ angegeben.

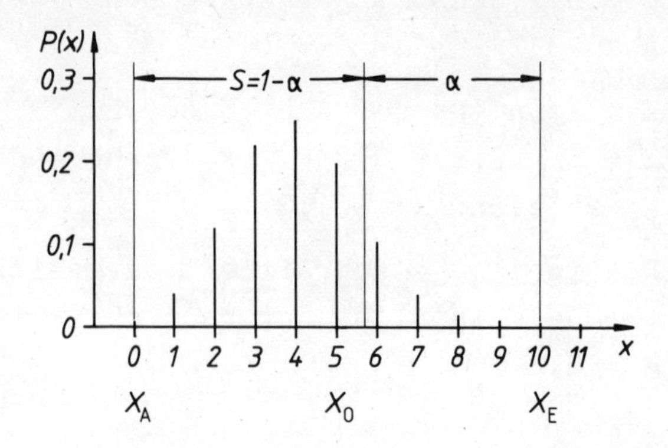

Abb. 10: Obere Schwelle x_0 bei einseitiger Abgrenzung zur statistischen Sicherheit S = 1 - α bei diskreter Variable

Bei stetigen Veränderlichen ist die obere Schwelle x_0 zur statistischen Sicherheit S = 1 - α bei einseitiger Abgrenzung definiert durch

$$\int_{x_0}^{x_E} \varphi(x)\,dx = \emptyset(x_E) - \emptyset(x_0)$$

$$= 1 - \emptyset(x_0) = \alpha = 1 - S$$

bzw. $\emptyset(x_0) = S$

<u>Beispiel:</u> Wie groß ist die obere Schwelle zur statistischen Sicherheit S = 1 - 0,8 = 0,2 bei einseitiger Abgrenzung (Werte Abb. 3)?

Man entnimmt der Abb. 3 den Wert x_0, der zu $\emptyset$ = 0,2 gehört, zu x_0 = 1. Die in Abb.6 schraffiert dargestellte Fläche entspricht der Wahrscheinlichkeit α.

Im Gegensatz zur einseitigen Abgrenzung werden bei der zweiseitigen Abgrenzung zu einer statistischen Sicherheit $\check{S} = 1 - \alpha$ eine untere und eine obere Schwelle berechnet. Man berechnet die Werte x_O, x_U für diskrete und stetige Verteilungen aus jeweils vier Gleichungen

a) Diskrete Verteilungen

$$\emptyset(x_O) - \emptyset(x_U) \leqq \check{S}$$

$$\emptyset(x_{U-1}) < \alpha_1 \; ; \; \emptyset(x_U) \geqq \alpha_1$$

$$\emptyset(x_O) \leqq 1 - \alpha_2 ; \; \emptyset(x_{O+1}) > \alpha_2$$

b) Stetige Verteilungen

$$\emptyset(x_O) - \emptyset(x_U) = \check{S} = 1 - \alpha$$
$$\emptyset(x_U) = \alpha_1$$
$$\emptyset(x_O) = 1 - \alpha_2$$
$$\alpha = \alpha_1 + \alpha_2$$

Aus diesen Gleichungen kann man bei vorgegebenen Verteilungen und α_1 und α_2 die Schwellenwerte x_U und x_O ausrechnen.

Beispiel: Es sind die obere und die untere Schwelle bei der statistischen Sicherheit $\check{S} = 1 - 0{,}31$; $\alpha_1 = 0{,}20$; $\alpha_2 = 0{,}11$ bei der stetigen Verteilung von Abb. 3 gesucht.

Man entnimmt der Abb. 3 den zu $\emptyset(x_U) = \alpha_1 = 0{,}2$ gehörenden Wert $x_U = 1$ und den zu $\emptyset(x_O) = 1 - \alpha_2 = 0{,}89$ gehörenden Wert $x_O = 6$.

In Abb. 8 sind die untere Schwelle $x_U = 1$, die obere Schwelle $x_O = 6$ eingetragen. Die schraffierten Bereiche entsprechen α_1 bzw. α_2.

Bei den Anwendungen wählt man im allgemeinen $\alpha_1 = \alpha_2 = \alpha/2$ und berechnet damit Werte, die bezüglich der Wahrscheinlichkeit symmetrisch sind.

$$\emptyset(x_U) = \alpha/2$$
$$\emptyset(x_O) = 1 - \alpha/2$$

Bei dieser symmetrischen Abgrenzung, die im folgenden immer unter einer zweiseitigen Abgrenzung verstanden werden soll, wenn nichts anderes gesagt wird, ist die untere Schwelle x_U zur einseitigen statistischen Sicherheit $S = 1 - \alpha/2$ gleich der unteren Schwelle zur zweiseitigen statistischen Sicherheit $\check{S} = 1 - \alpha$. Analoges gilt für die obere Grenze.

Beispiel: Man bestimme für die diskrete Verteilung von Tab. 2 die untere und obere Schwelle zur zweiseitigen, symmetrischen Abgrenzung mit $\check{S} = 0{,}9$ ($\alpha_1 = \alpha_2 = 0{,}05$).

Man entnimmt aus der Summenkurve der Abb.2 und den Zusatzbedingungen für die Auswahl von x_U, x_O, wenn die zugehörigen $\emptyset(x_U)$, $\emptyset(x_O)$ Zwischenwerte annehmen: $x_U = 2$; $x_O = 6$. In der Abb. 11 sind die Werte x_U, x_O; α_1, α_2, und $\check{S}$ in die Verteilung eingetragen.

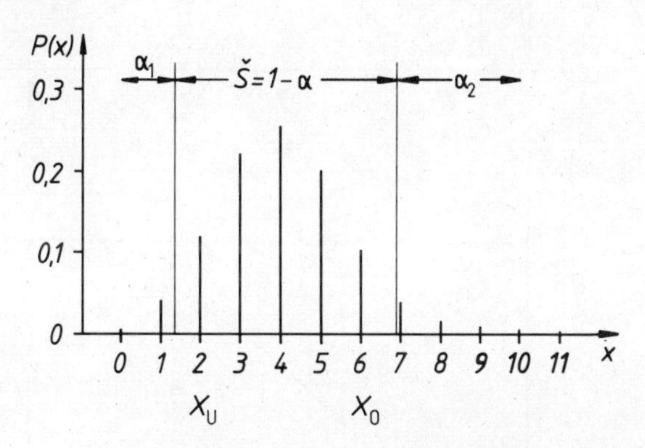

Abb. 11: Untere und obere Schwelle bei zweiseitiger symmetrischer Abgrenzung zur statistischen Sicherheit $\check{S} = 1 - \alpha$

<u>Beispiel:</u> Man bestimme für die stetige Verteilung von Abb. 3 die untere und obere Schwelle zur zweiseitigen, symmetrischen Abgrenzung mit $\check{S} = 0,8$; ($\alpha_1 = \alpha_2 = 0,1$).

In der Abb. 12 ist das Verfahren zur Bestimmung der oberen und unteren Grenze sehr ausführlich dargestellt. Man geht in der Darstellung der Summenkurve von den Ordinatenwerten α_1 bzw. $1 - \alpha_2$ aus und sucht die zugehörigen Abszissenwerte. Man findet $x_U = 0{,}6$; $x_O = 6{,}1$.

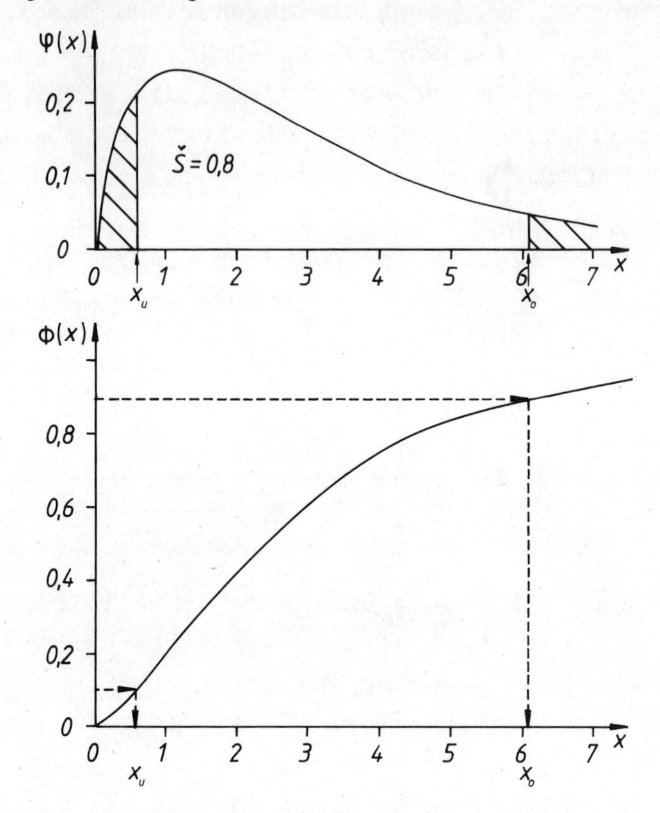

Abb. 12: Bestimmung der unteren und oberen Schwelle zur statistischen Sicherheit $\check{S} = 0{,}8$

3.5 Parameter von Verteilungen

Zur Beschreibung von Wahrscheinlichkeitsverteilungen werden neben den Funktionen $P(x_i)$, $\varphi(x)$, $\Phi(x)$ Parameter verwendet. Diese sind bei Verteilungen mit stetigen und diskreten Zufallsvariablen analog definiert.

Zur Berechnung der Parameter von Verteilungen werden Größen verwendet, die man mit Hilfe von Momente k-ter Ordnung bezüglich eines Hilfspunktes c berechnet. Die allgemeinen Formeln heißen mit $P(x_i) = M(x_i)/N$

a) Diskrete Verteilungen

$$m_k(c) = \sum_{x_i = x_A}^{x_E} (x_i - c)^k \cdot P(x_i)$$

Für den wichtigen Sonderfall, daß alle $M(x_i) = 1$ oder man gleiche Ereignisse entsprechend ihrer Vielfachheit zählt, gilt

$$m_k(c) = \frac{1}{N} \sum_{l=1}^{N} (x_l - c)^k$$

b) Stetige Verteilungen

$$m_k(c) = \int_{x_A}^{x_E} (t - c)^k \cdot \varphi(t)\, dt$$

Von diesen allgemeinen Formeln werden Sonderfälle durch entsprechende Vorgabe von k und c zur Berechnung bestimmter Parameter verwendet. Man nennt diese Parameter auch Erwartungswerte der Verteilung.

1. Normierungsbedingung (k = 0; c beliebig)

Bei Wahl von k = 0; c beliebig erhält man die schon weiter oben verwendete Normierungsbedingung

a) Diskrete Verteilungen

$$m_0(c) = \sum_{x_i=x_A}^{x_E} (x_i - c)^0 \, P(x_i) = \sum_{x_i=x_A}^{x_E} P(x_i)$$

$$= \frac{1}{N} \sum_{l=1}^{N} 1^0 = 1$$

b) Stetige Verteilungen

$$m_0(c) = \int_{x_A}^{x_E} (t-c)^0 \varphi(t) \, dt = \int_{x_A}^{x_E} \varphi(t) dt = 1$$

2. Berechnung des arithmetrischen Mittelwertes (k = 1; c = 0)

a) Diskrete Verteilungen

$$m_1(0) = \sum_{x_i=x_A}^{x_E} (x_i - 0) \; P(x_i) = \frac{1}{N} \sum_{l=1}^{N} x_l$$

$$= \mu = M\{X\}$$

b) Stetige Verteilungen

$$m_1(0) = \int_{x_A}^{x_E} (t - 0)^1 \, \varphi(t) \, dt = \mu = M\{X\}$$

3. Berechnung der Varianz σ^2 ($k = 2$; $c = \mu$)

Die Größe σ bezeichnet man auch als Standardabweichung

a) Diskrete Verteilungen

$$m_2(\mu) = \sum_{x_i=x_A}^{x_E} (x_i - \mu)^2 \cdot P(x_i) = \frac{1}{N} \sum_{l=1}^{N} (x_l - \mu)^2$$

$$\sigma^2 = V\{X\}$$

b) Stetige Verteilungen

$$m_2(\mu) = \int_{x_A}^{x_E} (t - \mu)^2 \cdot \varphi(t)\, dt = \sigma^2 = V\{X\}$$

4. Berechnung der Schiefe γ_1 ($k = 3$; $c = \mu$)

$$\gamma_1 = \frac{m_3(\mu)}{\sigma^3}$$

a) Diskrete Verteilungen

$$\gamma_1 = \frac{1}{\sigma^3} \sum_{x_i=x_A}^{x_E} (x_i - \mu)^3 \cdot P(x_i) =$$

$$= \frac{1}{N\sigma^3} \sum_{l=1}^{N} (x_l - \mu)^3$$

b) Stetige Verteilungen

$$\gamma_1 = \frac{1}{\sigma^3} \int_{x_A}^{x_E} (t - \mu)^3 \varphi(t)\, dt$$

5. Berechnung der Wölbung γ_2 oder des Exzesses
(k = 4; c = μ)

$$\gamma_2 = \frac{m_4(\mu)}{\sigma^4} - 3$$

a) Diskrete Verteilungen

$$\gamma_2 = \frac{1}{\sigma^4} \left[\sum_{x_i = x_A}^{x_E} (x_i - \mu)^4 P(x_i) \right] - 3 =$$

$$= \frac{1}{N \sigma^4} \left[\sum_{l=1}^{N} (x_l - \mu)^4 \right] - 3$$

b) Stetige Verteilungen

$$\gamma_2 = \frac{1}{\sigma^4} \left[\int_{x_A}^{x_E} (t - \mu)^4 \varphi(t)\, dt \right] - 3$$

Ergibt sich bei der Berechnung $\gamma_2 > 0$, liegt eine schlanke bei $\gamma_2 < 0$ eine gedrungene Verteilung vor.

Alle vier Parameter kennzeichnen gemeinsam die Lage, die Breite und die Form der Verteilung. Mit Ausnahme der Gleichung für die Lage des Mittelwertes sind alle anderen Formeln invariant gegenüber Änderungen des Abszissenmaßstabes.

In den Anwendungen berechnet man den Mittelwert und die Varianz meistens, die Schiefe seltener und die Wölbung fast nie.

<u>Beispiel:</u> Berechnung der Parameter einer diskreten Verteilung mit Hilfe der Zahlen aus Tabelle 2.

1. Normierungsbedingung

$$m_0(c) = \sum_{x_i=0}^{10} P(x_i) = \emptyset(10) = 1$$

2. Berechnung des Mittelwertes

$$m_1(0) = \mu = \sum_{x_i=0}^{10} x_i \cdot P(x_i)$$

$$= 0 + 0{,}0403 + 0{,}2418 + \ldots + 0{,}0144 + 0{,}0010$$

$$= 4{,}0005 \approx 4{,}00$$

3. Berechnung der Varianz σ^2, der Standardabweichung σ

$$m_2(\mu) = \sigma^2 = \sum_{x_i=0}^{10} (x_i - 4)^2 \cdot P(x_i)$$

$$= 0{,}0960 + 0{,}3627 + 0{,}4836 + \ldots + 0{,}0400 +$$

$$+ 0{,}0036 = 2{,}3997 \approx 2{,}40$$

$$\sigma = \sqrt{2{,}40} \approx 1{,}55$$

4. Berechnung der Schiefe γ_1

$$\gamma_1 = \frac{m_3(\mu)}{\sigma^3} = \frac{1}{2{,}4^{3/2}} \sum_{x_i=0}^{10} (x_i - 4)^3 \cdot P(x_i)$$

$$= \frac{1}{3{,}718} (-0{,}3840 - 1{,}0881 - 0{,}9672 + \ldots + 0{,}2000 +$$

$$+ 0{,}0216) = \frac{1}{3{,}718} \cdot 0{,}4859 \approx 0{,}1306$$

5. Berechnung der Wölbung γ_2

$$\gamma_2 = \frac{m_4(\mu)}{\sigma^4} - 3 = \frac{1}{2{,}4^2} \left[\sum_{x_i=0}^{10} (x_i - 4)^4 \cdot P(x_i) \right] - 3$$

$$= \frac{1}{5{,}76} (1{,}5360 + 3{,}2643 + 1{,}9344 + \ldots$$

$$+ 1{,}0000 + 0{,}1296) - 3$$

$$= 2{,}8160 - 3 = -0{,}184$$

Für stetige Verteilungen lassen sich die Parameter im allgemeinen nicht so einfach zahlenmäßig errechnen wie im Falle diskreter Funktionen. Meistens lassen sich die Integrale nur mit großem Aufwand numerisch bestimmen. Bei der stetigen Verteilung der Abb. 3 kann man $\mu = 3{,}0$; $\sigma^2 = 6{,}0$; $\sigma = \sqrt{6} = 2{,}449$ errechnen. Der Abb. 3 kann man entnehmen, daß der Mittelwert $\mu = 3$ kein im Graph ausgezeichneter Punkt ist. Die Dichteverteilung hat ihren Extremwert, ihr Maximum, bei $x_{Max} \approx 1{,}2$ und nicht bei 3. Man bezeichnet x_{Max} auch als Modus, Dichtemittel oder häufigsten Wert. Er ist derjenige Wert bei einer Meßreihe, den man am häufigsten feststellen wird. Desweiteren kann man erkennen, daß zu $\emptyset = 0{,}5$ ein Wert von $x_{50} = 2{,}3$ ungleich 3 gehört. Man bezeichnet x_{50} auch als Zentralwert oder Median. Die Wahrscheinlichkeiten bei Stichproben Ereignisse zu finden, die kleiner x_{50} sind, ist genau so groß wie die Wahrscheinlichkeit Ereignisse größer x_{50} zu finden. Mit Hilfe der beiden Größen μ und σ führt man bei vielen Wahrscheinlichkeitsverteilungen ein standardisiertes dimensionsloses Merkmal mit Hilfe der folgenden Transformation ein: $u = (x - \mu)/\sigma$

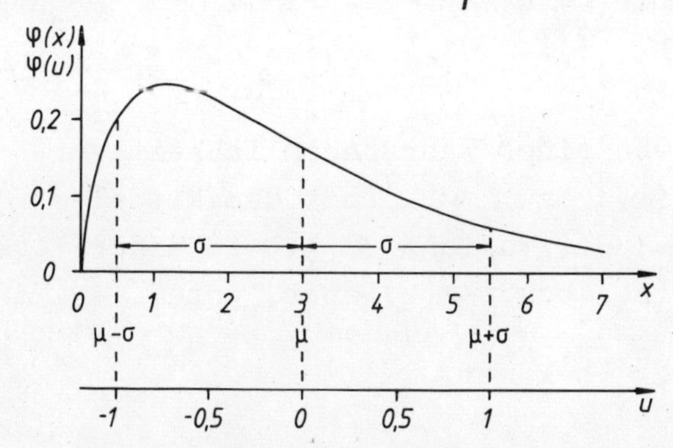

Abb. 13: Wahrscheinlichkeitsdichte als Funktion des standardisierten Merkmales u

Der Mittelwert einer Verteilung im transformierten System ist immer $\mu_{(u)} = 0$, die Standardabweichung immer $\sigma_{(u)} = 1$.

3.5.1 Einiges zu Mittelwert und Varianz:

Unabhängig von der Verteilungsform und dem Verteilungstyp gelten mehrere Sätze über Mittelwerte und Varianzen, die hier ohne Beweise mitgeteilt werden.

1. Geht man von einer Wahrscheinlichkeitsverteilung $P(x_i)$ bzw. $\varphi(x)$ mit dem Mittelwert $\mu_{(x)}$, der Varianz $\sigma_{(x)}^2$ zu einer Verteilung $P(z_i)$ bzw. $\varphi(z)$ über, wobei

   $z_i = x_i + a, \quad a$ konst.

   ist, so erhält man

   $$\mu_{(z)} = \mu_{(x)} + a; \quad M\{Z\} = M\{X\} + a$$
   $$\sigma_{(z)}^2 = \sigma_{(x)}^2, \quad V\{Z\} = V\{X\}$$

2. Geht man von einer Wahrscheinlichkeitsverteilung $P(x_i)$ bzw. $\varphi(x)$ mit dem Mittelwert $\mu_{(x)}$, der Varianz $\sigma_{(x)}^2$ zu einer Verteilung $P(z_i)$ bzw. $\varphi(z)$ über, wobei

   $z_i = b\, x_i, \quad b$ konst.

   ist, so erhält man

$$\mu_{(z)} = b \cdot \mu_{(x)} \; ; \; M\{Z\} = b\, M\{X\}$$

$$\sigma_{(z)}^2 = b^2 \cdot \sigma_{(x)}^2 ; \; V\{Z\} = b^2 V\{X\}$$

Man nennt diesen Zusammenhang auch Multiplikationssatz.

3. Geht man von zwei Zufallsvariablen X, Y mit den Einzelwerten x_i, y_j (i = 1,2,3..., K, j = 1,2,3,...,K) und den Wahrscheinlichkeitsverteilungen $P_1(x_i)$, $P_2(y_j)$ bzw. $\varphi_1(x)$, $\varphi_2(y)$ mit den Mittelwerten $\mu_{(x)}$ bzw. $\mu_{(y)}$, den Varianzen $\sigma_{(x)}^2$, $\sigma_{(y)}^2$, durch Addition der Elemente mit gleichem Index

$$z_k = x_k + y_k \; ; \qquad k = 1,2,3,\ldots,K$$

zu einer neuen Zufallsvariablen Z mit der neuen Häufigkeitsverteilung $P(z_i)$ bzw. $\varphi(z)$ über, so sind der Mittelwert durch

$$\mu_{(z)} = \mu_{(x)} + \mu_{(y)} ; \; M\{Z\} = M\{X\} + M\{Y\}$$

und die Varianz durch

$$\sigma_{(z)}^2 = \sigma_{(x)}^2 + \sigma_{(y)}^2 + 2\, \sigma_{(x)} \sigma_{(y)} \cdot \varrho$$

gegeben. Hierbei wird ϱ als Korrelationskoeffizient der Werte x_i, y_i bezeichnet.

$$\rho = \frac{\sum_{k=1}^{K} \left[(x_k - \mu_{(x)}) \cdot (y_k - \mu_{(y)}) \right]}{\sqrt{\sum_{k=1}^{K} \left[(x_k - \mu_{(x)})^2 \right] \cdot \left[\sum_{j=1}^{K} (y_j - \mu_{(y)})^2 \right]}}$$

Der Korrelationskoeffizient ρ kann nur Werte $-1 \leqq \rho \leqq 1$ annehmen. Der Zahlenwert variiert abhängig von dem funktionalen Zusammenhang zwischen den Werten x_i, y_i. Man kennzeichnet diese Abhängigkeit überschlagig entsprechend den in Tab. 3 aufgeführten Daten.

$\rho^2 = 0$	keine	Abhängigkeit zwischen X und Y
$0 < \rho^2 \leqq 0{,}1$	praktisch keine	
$0{,}1 < \rho^2 \leqq 0{,}5$	schwache	
$0{,}5 < \rho^2 \leqq 0{,}8$	deutliche	
$0{,}8 < \rho^2 < 1{,}0$	starke	
$\rho^2 = 1{,}0$	vollständige	

Tab. 3: Kennzeichnung der Abhängigkeit zwischen zwei Größen X und Y durch den Wert von ^{2}.

Zur Veranschaulichung der Gleichung für die Varianz $\sigma_{(z)}^2$ setzt man in Anlehnung an den bei Dreiecksberechnungen verwendeten Cosinussatz der ebenen Trigonometrie ($b^2 = a^2 + c^2 - 2 \cdot a \cdot c \cdot \cos \beta$) auch

$$\rho = - \cos \beta$$

und erhält

$$\sigma_{(z)}^2 = \sigma_{(x)}^2 + \sigma_{(y)}^2 - 2\,\sigma_{(x)}\,\sigma_{(y)} \cos\beta$$

Wegen der hergestellten Analogie zur ebenen Geometrie kann man $\sigma_{(z)}$, $\sigma_{(x)}$, $\sigma_{(y)}$ als Seiten eines Dreiecks deuten, wobei die Seiten $\sigma_{(x)}$ und $\sigma_{(y)}$ den Winkel β einschließen. Dieses Modell wird im folgenden für die Diskussion einiger Sonderfälle von ρ ausgenutzt.

a) $\rho = 0; \quad \beta = 90^{o}$

Die Meßwerte x_i, y_i sind unabhängig von einander. $\sigma_{(z)}$ entspricht der Hypotenuse eines rechtwinkligen Dreiecks.

Bei diesem mit Abstand wichtigsten Fall für die Praxis gilt

$$\sigma_{(z)}^2 = \sigma_{(x)}^2 + \sigma_{(y)}^2$$

Sollte eine der beiden Varianzen klein gegenüber der anderen (z.B. $\sigma^2_{(x)} \ll \sigma^2_{(y)}$) sein, so gilt

$$\sigma_{(z)}^2 = \sigma_{(y)}^2 \left(1 + \frac{\sigma_{(x)}^2}{\sigma_{(y)}^2}\right)$$
$$\approx \sigma_{(y)}^2$$

Im Fall der linearen Abhängigkeit zwischen mehreren Zufallsvariablen $X_1, X_2, X_i, \ldots$ mit den Einzelwerten $x_{i;k}$ und

$$z_k = x_{1;k} + x_{2;k} + \ldots + x_{i;k} + \ldots$$

gilt das Additionstheorem. Es liefert

$$\mu_{(z)} = \mu_1 + \mu_2 + \ldots + \mu_i + \ldots$$

$$M\{Z\} = M\{X_1\} + M\{X_2\} + \ldots + M\{X_i\} + \ldots$$

$$\sigma_{(z)}^2 = \sigma_1^2 + \sigma_2^2 + \ldots + \sigma_i^2 + \ldots$$

$$V\{Z\} = V\{X_1\} + V\{X_2\} + \ldots + V\{X_i\} + \ldots$$

b) $\varrho = 1;\ \beta = 180^\circ$

Es liegt vollständige Abhängigkeit zwischen X und Y vor. Das Dreieck entartet zur Geraden.
Es gilt

$$\sigma_{(z)}^2 = \sigma_{(x)}^2 + \sigma_{(y)}^2 + 2\sigma_{(x)} \cdot \sigma_{(y)}$$

$$= (\sigma_{(x)} + \sigma_{(y)})^2$$

$$\sigma_{(z)} = \sigma_{(x)} + \sigma_{(y)}$$

c) $\varrho = -1;\ \beta = 0^\circ$

Es liegt vollständige Abhängigkeit zwischen X und Y vor. Das Dreieck entartet wieder. In diesem Fall gehören zu großen Werten x_i kleine Werte y_i und umgekehrt.

$$\sigma_{(z)}^2 = \sigma_{(x)}^2 + \sigma_{(y)}^2 - 2\,\sigma_{(x)}\,\sigma_{(y)}$$

$$= (\sigma_{(x)} - \sigma_{(y)})^2$$

Da Standardabweichung immer positiv sein müssen, gilt

$$\sigma_{(z)} = \left| \sigma_{(x)} - \sigma_{(y)} \right|$$

3.6 Einige besondere Verteilungen

Zur Beschreibung der Verteilungen von Meßwerten werden eine Vielzahl von verschiedenen Funktionen verwendet. Diese müssen die in Kapitel 3.1 genannten Bedingungen erfüllen.

Einige wenige Funktionen lassen sich davon theoretisch unter gewissen Bedingungen herleiten. Die meisten Gleichungen werden jedoch deswegen formuliert, weil sie Versuchsergebnisse gut beschreiben. Es sei da nur auf die Vielzahl der in der Korngrößenanalyse verwendeten Verteilungen, wie Potenzverteilung (DIN 66 143), Logarithmische Normalverteilung (DIN 66 144), die unter Beteiligung der Autoren Rosin, Rammler, Sperling, Bennett formulierten RRSB-Verteilung (DIN 66145) hingewiesen.

In den nachfolgenden Kapiteln werden bei den diskreten Verteilungen nur die Hypergeometrische, die Binomial- und Poisson-Verteilung, bei den stetigen Verteilungen die Normalverteilung (Gauß-Verteilung), die t-Verteilung (Student-Verteilung), die χ^2-Verteilung (Helmert-Pearson-Verteilung) und die F-Verteilung (Fisher-Verteilung) behandelt.

3.6.1 Einige diskrete eindimensionale Verteilungen

3.6.1.1 Kombinatorik

Zum Verständnis der Gleichungen theoretisch herleitbarer diskreter Verteilungen sind einige Kenntnisse der Kombinatorik notwendig. Die Kombinatorik untersucht die Gesetzmäßigkeiten und berechnet die Zahl der möglichen Anordnungen von endlich vielen Elementen. Hierbei müssen die Elemente nicht alle verschieden sein. Man muß deshalb bei Anordnungen unterscheiden, ob es auf die Reihenfolge der Elemente ankommt oder nicht.

In der Kombinatorik lassen sich alle Aufgabenstellungen unter den Begriffen Permutation, Variation, Kombination ohne und mit Wiederholung zusammenfassen. Bei Permutation von N Elementen untersucht man die möglichen Anordnungen aller N Elemente, bei Variationen von N Elementen die Zahl der möglichen Anordnungen von n Elementen ($n \leq N$), wobei unterschiedliche Reihenfolge der Elemente zu verschiedenen Anordnungen gehören. Bei Kombination untersucht man auch die Anordnung von n Elementen aus der Grundgesamtheit vom Umfang N, nur spielt hier die Anordnung der Elemente keine Rolle.

Permutation ohne Wiederholung: Die Anordnung von N verschiedenen Elementen in irgendeiner Reihenfolge nennt man Permutation ohne

Wiederholung. Die Anzahl aller möglichen Permutationen dieser N verschiedenen Elemente bezeichnet man mit $P_N^{(1)}$.

<u>Beispiel:</u> Gegeben sind die Elemente a) A (N = 1), b) A, B (N = 2), c) A, B, C (N =3). Man berechne die Zahl der Permutationen.

	Elemente	N	Anordnungen	$P_N^{(1)}$
a	A	1	A	$P_1^{(1)} = 1$
b	A, B	2	A B, B A	$P_2^{(1)} = 2$
c	A, B, C	3	A B C, A C B B A C, B C A C A B, C B A	$P_3^{(1)} = 6$

Durch Anwendung des Verfahrens der vollständigen Induktion kann man zeigen, daß für die Zahl der Permutationen von N verschiedenen Elementen gilt:

$$P_N^{(1)} = 1 \cdot 2 \cdot 3 \cdot 4 \ldots N = N!$$

N! - gelesen N Fakultät - ist eine abkürzende Schreibweise für das Produkt $1 \cdot 2 \cdot 3 \ldots \cdot N$. Es ist definiert $0! = 1$.

<u>Beispiel:</u> In einem Kartenspiel befinden sich 32 verschiedene Karten. Wieviel mögliche Anordnungen gibt es, diese 32 Karten nebenein-

ander zu legen?

$$P_{32}^{(1)} = 32! = 2,631 \cdot 10^{35}$$

Permutation mit Wiederholung: Die Anordnung von N Elementen, unter denen sich m_1 einer ersten Sorte, m_2 einer zweiten Sorte,..., m_r einer r-ten Sorte befinden, nennt man Permutation mit Wiederholung ($m_1+m_2+...+m_r = N$). Die Anzahl aller verschiedenen Anordnungen dieser N-Elemente von r-Sorten bezeichnet man mit

$$P_N^{(m_1;m_2;...;m_r)}$$

Beispiel: Gegeben sind die Elemente
a) A, B, C; b) A, A, B; c) A, A, A.
Man berechne die Zahl der Permutationen.

	Elemente	N, m_i	Anordnungen	$P_N^{(m_1,m_2,...)}$
a	A,B,C	$N=3; m_1=1$ $m_2=1; m_3=1$	ABC;ACB BAC;BCA CAB;CBA	$P_3^{(1)}=P_3^{(1;1;1)}=6$
b	A,A,B	$N=3; m_1=2$ $m_3=1$	AAB;ABA BAA	$P_3^{(2;1)} = 3$
c	A,A,A	$N=3; m_1=3$	AAA	$P_3^{(3)} = 1$

Das obige Beispiel zeigt, daß die Zahl der möglichen Anordnungen mit größer werdenden m_i kleiner wird. Dieses liegt daran, daß von den N! möglichen Permutationen wegen der m_i gleichen Elemente m_i! Anordnungen identisch sind. Allgemein gilt:

$$P_N^{(m_1;m_2;\ldots;m_r)} = \frac{N!}{m_1!\, m_2! \ldots m_r!}$$

Beispiel: In einem Skatspiel mit 32 Karten gibt es je 8 Karten der Farbe Karo, Herz, Pik, Kreuz. Wieviel verschiedene Anordnungen gibt es, die 32 Karten nach ihren Farben (nicht nach ihren Werten) zu sortieren?

Es liegt eine Problem "Permutation mit Wiederholung" vor.

$N = 32;\ m_1 = 8;\ m_2 = 8;\ m_3 = 8;\ m_4 = 8$

$$P_{32}^{(8;8;8;8)} = \frac{32!}{8!8!8!8!} = 9{,}956 \cdot 10^{16}$$

Für den Sonderfall, daß es nur zwei Sorten von Elementen gibt, wobei die Sorte A mit m_1, die Sorte B mit $m_2 = N - m_1$ Elementen vorkommt, gilt

$$P_N^{(m_1;m_2)} = \frac{N!}{m_1!\, m_2!} = \frac{N!}{m_1!\,(N-m_1)!} = \binom{N}{m_1}$$

In dieser Gleichung ist $\binom{N}{m_1}$ als Binomialkoeffizient in der Eulerschen Schreibweise definiert.

Die Binomialkoeffizienten können aus der folgenden Definition berechnet werden.

$$\binom{m}{k} = \frac{m(m-1)\cdot(m-2)\cdot\ldots(m-k+1)}{1\cdot 2\cdot 3\cdot\ldots\cdot k} = \frac{m!}{k!(m-k)!}$$

wobei $\binom{m}{o} = 1$ definiert wird.

Es gelten eine Reihe von Rekursionsformeln und u.a. die folgenden Gleichungen

$$k\cdot\binom{m}{k} = m\binom{m-1}{k-1}$$

$$\binom{m+q}{k} = \binom{m}{k}\binom{q}{o} + \binom{m}{k-1}\binom{q}{1} + \ldots + \binom{m}{1}\binom{q}{k-1} + \binom{m}{o}\binom{q}{k}$$

Variationen ohne Wiederholung: Gegeben sind N verschiedene Elemente. Jede mögliche Anordnung von $n \leqq N$ Elementen nennt man eine Variation zur Klasse n ohne Wiederholung. Die Anzahl aller möglichen Anordnungen von n verschiedenen Elementen unter Beachtung der Reihenfolge bezeichnet man mit $V_N^{(n)}$ und berechnet sie sich wie folgt.

Für das Ziehen des ersten Elementes stehen N Möglichkeiten, des zweiten noch (N-1), des n-ten noch (N-n+1) Möglichkeiten zur Verfügung. Damit gibt es insgesamt

$$V_N^{(n)} = N\cdot(N-1)\cdot\ldots\cdot(N-n+1) = \frac{N!}{(N-n)!}$$

Möglichkeiten der Anordnung.

Bei dem Ziehen von Stichproben des Umfanges n aus einer Grundgesamtheit vom Umfang N liegen Variationen ohne Wiederholungen vor, wenn man die gezogenen Elemente nicht wieder zurücklegt. Man nennt dieses auch geordnete Stichproben ohne Zurücklegen.

Beispiel: Aus einer Grundgesamtheit von 10 verschiedenen Elementen werden Stichproben vom Umfang n = 5 ohne Zurücklegen gezogen. Wieviel verschiedene Anordnungen gibt es?

$$V_{10}^{(5)} = \frac{10!}{(10-5)!} = \frac{10!}{5!} = 30240$$

Variationen mit Wiederholung: Bei Variationen mit Wiederholung geht man von einer Grundgesamtheit verschiedener Elemente des Umfanges N aus. Hieraus zieht man eine Stichprobe des Umfanges n, wobei jedes gezogene Element sofort wieder der Grundgesamtheit zugefügt wird. Jede mögliche Anordnung wird Variation mit Wiederholung genannt. Da es für das Ziehen des ersten Elementes N, des zweiten auch N, des n-ten auch N Möglichkeiten gibt, ist die Gesamtzahl aller Anordnungen mit Wiederholung

$$V_{N,W}^{(n)} = N^n$$

Beispiel: Aus einer Grundgesamtheit von 10 verschiedenen Elementen werden Stichproben vom Umfang n = 5 mit Zurücklegen gezogen.

Wieviel verschiedene Anordnungen gibt es?

$$V_{10,W}^{(5)} = 10^5 = 100.000$$

<u>Beispiel:</u> Wieviel Möglichkeiten gibt es beim Ausfüllen eines Fußballtotoscheins mit 11 Spielen und den drei Möglichkeiten Sieg (1), Unentschieden (0), Niederlage (2)?

Aus den N = 3 Elementen 1,0,2 werden 11 Stichproben mit Wiederhineinlegen gezogen

$$V_{3,W}^{(11)} = 3^{11} = 177147$$

<u>Kombinationen ohne Wiederholungen:</u> Unter einer Anordnung von n aus N Elemente in beliebiger Reihenfolge versteht man eine Kombination zur n-ten Klasse. Eine Kombination, in der kein Element mehrfach vorkommt, nennt man eine Kombination ohne Wiederholung. Überträgt man diese Definition auf Stichproben, so nennt man sie eine ungeordnete Stichprobe vom Umfang n ohne Zurücklegen. Die Anzahl aller Kombinationen werden durch $C_N^{(n)}$ gekennzeichnet. Ausgehend von der Gleichung für die Variation $V_N^{(n)}$, bei der n! Anordnung gleicher Elemente nur in verschiedenen Reihenfolgen mitgezählt werden, erhält man für Kombinationen ohne Wiederholung

$$C_N^{(n)} = \frac{1}{n!} \; V_N^{(n)} = \frac{1}{n!} \; \frac{N!}{(N-n)!} = \binom{N}{n}$$

Beispiel: Wieviel Möglichkeiten gibt es, beim Lottospiel 6 aus 49 sechs Zahlen zusammenzustellen?

$$C_{49}^{(6)} = \binom{49}{6} = \frac{49 \cdot 48 \cdot 47 \cdot 46 \cdot 45 \cdot 44}{1 \cdot 2 \cdot 3 \cdot 4 \cdot 5 \cdot 6}$$

$$= 13.983.816$$

Kombinationen mit Wiederholung: Die Anzahl der möglichen Anordnungen von n Elementen, die aus einer Grundgesamtheit von N Elementen gezogen werden, wobei jedes Element nach dem Ziehen wieder zurückgelegt wird, ist

$$C_{N;W}^{(n)} = \frac{N(N+1)(N+2)\dots(N+n-1)}{1 \cdot 2 \cdot 3 \cdot \dots \cdot n} = \binom{N+n-1}{n}$$

Beispiel: Wieviel mögliche Anordnungen gibt es beim viermaligen Werfen einer Münze (W oder Z)?

Die Grundgesamtheit besteht aus den 2 Elementen W und Z. Damit ist N = 2. Es wird viermal geworfen, damit ist n = 4.

$$C_{2;W}^{(4)} = \binom{2+4-1}{4} = \binom{5}{4} = \frac{5 \cdot 4 \cdot 3 \cdot 2}{1 \cdot 2 \cdot 3 \cdot 4} = 5$$

Das Ergebnis bestätigt die durch Probieren gefundenen fünf Möglichkeiten aus Tab. 1.

3.6.1.2 Hypergeometrische Verteilung

Die Grundgesamtheit des Umfanges N enthält M Einheiten mit dem Merkmal C und (N - M) Einheiten mit dem davon unterschiedlichen Merkmal B. Die relativen Häufigkeiten in der Grundgesamtheit sind

$$P(C) = \frac{M}{N} = P \; ; \; P(B) = \frac{N-M}{N} \; ; \; P(C) + P(B) = 1$$

Die Wahrscheinlichkeit, bei einer Stichprobe vom Umfang n genau x_i Einheiten mit dem Merkmal C zu ziehen, wenn man die gezogenen Teile nicht wieder zurücklegt, gibt die Einzelwahrscheinlichkeiten der Hypergeometrischen Verteilung an.

Die Anzahl aller möglicher Anordnungen ist durch die Anzahl der Kombinationen ohne Wiederholung von N Elementen zur n-ten Klasse gegeben: $\binom{N}{n}$. Die Zahl der Möglichkeiten, aus M Elementen der Sorte C x_i Elemente zu ziehen, ist $\binom{M}{x_i}$. Die Möglichkeiten, aus den (N - M) Elementen der Sorte B $(n - x_i)$ Elemente der Sorte B zu ziehen, ist $\binom{N - M}{n - x_i}$

Jede der Kombinationen für die Elemente C läßt sich mit jeder Kombination der Sorte B verbinden, so daß es insgesamt $\binom{M}{x_i} \cdot \binom{N-M}{n-x_i}$ Möglichkeiten gibt, x_i Elemente der Sorte C zu ziehen. Die Wahrscheinlichkeit erhält man durch Division durch die Anzahl möglichen Fälle $\binom{N}{n}$:

$$P(x_i) = \frac{\binom{M}{x_i}\binom{N-M}{n-x_i}}{\binom{N}{n}} = \frac{\binom{n}{x_i}\binom{N-n}{M-x_i}}{\binom{N}{M}}$$

Die letzte Form der Gleichung erhält man durch Umformen. Bei ihrer Anwendung erspart man sich oft das Rechnen mit großen Zahlen.

Die Parameter der Verteilung kann man mit Hilfe der im Kapitel 3.5 angegebenen Gleichungen für die Momente berechnen.

$$m_k(c) = \sum_{x_i=x_A}^{x_E} (x_i-c)^k \cdot P(x_i)$$

Hierzu müssen noch x_A und x_E bestimmt werden. Da x_E die größtmögliche Anzahl der Elemente der Sorte C in der Stichprobe angibt, kann x_E nicht größer sein als n und nicht größer sein als M : $x_E = \text{Min}\{n;M\}$

x_A gibt die Anzahl der minimal in der Stichprobe vorhandenen Elemente der Sorte C an. Es muß größer gleich Null sein und die Anzahl der Elemente B in der Urne nach der Stichprobe $(N - n - M + x_i)$ darf nicht negativ sein. $x_A = \text{Max}\{0;M + n - N\}$

1. Normierungsbedingung

$$\frac{\sum_{x_A}^{x_E}\binom{M}{x_i}\binom{N-M}{n-x_i}}{\binom{N}{n}} = \frac{\binom{M+N-M}{n}}{\binom{N}{n}} = \frac{\binom{N}{n}}{\binom{N}{n}} = 1$$

2. Berechnung des Mittelwertes

$$\mu = \frac{\sum_{x_A}^{x_E} x_i \binom{M}{x_i}\binom{N-M}{n-x_i}}{\binom{N}{n}} = \frac{M \cdot \sum_{x_A}^{x_E} \binom{M-1}{x_i-1}\binom{N-M}{n-x_i}}{\binom{N}{n}}$$

$$= M \frac{\binom{M-1+N-M}{n-1}}{\binom{N}{n}} = M \frac{\binom{N-1}{n-1}}{\binom{N}{n}} = M \cdot \frac{\frac{n}{N}\binom{N}{n}}{\binom{N}{n}}$$

$$= n \cdot \frac{M}{N}$$

Mit der Abkürzung $P(C) = \frac{M}{N} = P$ ergibt sich

$$\mu = n \cdot P(C) = n\,P$$

Ohne Beweis werden die weiteren Parameter der Hypergeometrischen Verteilung angegeben:

3. Varianz

$$\sigma^2 = n\,P\,(1-P)\,\frac{N-n}{N-1}$$

4. Schiefe

$$\gamma_1 = \frac{1-2P}{\sigma} \quad \frac{N-2n}{N-2}$$

5. Wölbung

$$\gamma_2 = \frac{N(N-1)-6n(N-n)-6N^2 \cdot P(1-P)}{(N-2)(N-3)\sigma^2} + \frac{6(5N-6)}{(N-2)(N-3)}$$

Die Summenfunktion ist gegeben durch

$$\emptyset(x) = \sum_{x_i = \text{Max}\{0;M-N+n\}}^{x} P(x_i)$$

<u>Beispiel:</u> Eine Firma liefert eine Menge von N = 100 Teilen. Davon sind M = 40 weiß (schlecht) und 60 rot (gut). Wie groß ist die Wahrscheinlichkeit, bei einer Stichprobe vom Umfang n = 10 genau x_i weiße Teile bzw. 0,1,2,... oder x_i weiße Teile zu ziehen, ohne daß man die Teile wieder zurücklegt.

$$P(x_i) = \frac{\binom{10}{x_i}\binom{100-10}{40-x_i}}{\binom{100}{40}}$$

Aus der Tabelle 4 entnimmt man, daß die Wahrscheinlichkeit für das Auffinden von genau 4 weißen Teilen maximal ist und P(4) = 0,264 beträgt. Die Wahrscheinlichkeit für das Auffinden von 0,1,2,3 oder 4 weißen Teilen in der Stichprobe beträgt $\emptyset(4)$ = 0,638.

x_i	$P(x_i)$	$\emptyset(x_i)$
0	0,00436	0,00436
1	0,03416	0,03852
2	0,11529	0,15381
3	0,22043	0,37424
4	0,26431	0,63855
5	0,20760	0,84615
6	0,10813	0,95428
7	0,03686	0,99114
8	0,00786	0,99900
9	0,00095	0,99995
10	0,00005	1,00000

Tabelle 4: Hypergeometrische Verteilung mit N = 100; n = 10; M = 40; P = 0,4

Die Parameter der Verteilung sind

$$\mu = n \cdot P = 10 \cdot 0,4 = 4$$

$$\sigma^2 = n\,P(1-P)\frac{N-n}{N-1} = 10 \cdot 0,4 \cdot 0,6\;\frac{100-10}{100-1}$$

$$= 2,1818$$

$$\gamma_1 = \frac{1-2P}{}\;\frac{N-2n}{N-2} = \frac{1-0,8}{2,1818} \cdot \frac{100-20}{98}$$

$$= 0,1105$$

$$\gamma_2 = \frac{N(N+1)-6n(N-n)-6N^2P(1-P)}{(N-2)(N-3)\;{}^2} + \frac{6(5N-6)}{(N-2)(N-3)}$$

$$= \frac{100\cdot 101-6\cdot 10\cdot 90-6\cdot 100^2\cdot 0{,}4\cdot 0{,}6}{98\cdot 97\cdot 2{,}818} +$$

$$+ \frac{6(5\cdot 100-6)}{98\cdot 97}$$

$$= -\,0{,}36210 + 0{,}3118031 = -\,0{,}0503$$

Das Ausrechnen der Zahlenwerte von Hypergeometrischen Verteilungen ist oft aufwendig. Sie werden für $n/N \leqq 0{,}1$ recht gut durch die leichter zu berechnende Werte der Binomialverteilung angenähert.

3.6.1.3 Binomialverteilung

Die Grundgesamtheit des Umfanges N enthält wie in 3.6.1.2 M Einheiten mit dem Merkmal C und (N - M) Einheiten mit dem davon unterschiedlichen Merkmal B. Die relative Häufigkeit des Merkmals C in der Grundgesamtheit ist

$$P(C) = P = \frac{M}{N} \quad ; \quad P(B) = \frac{N - M}{N}$$

Die Wahrscheinlichkeit, bei einer Stichprobe vom Umfang n genau x_i Einheiten mit dem Merkmal C zu ziehen, geben die Einzelwerte von der Binomialverteilung unter der Voraussetzung an, daß die Grundgesamtheit unendlich groß ist oder jedes Element nach dem Ziehen und der anschließenden Identifikation sofort wieder gut in die Grundgesamtheit eingemischt wird. P(C) ist während aller Versuche konstant.

Die Anzahl aller möglicher Anordnungen wird durch die Variation mit Wiederholungen angegeben: N^n. Es gibt M^{x_i} Möglichkeiten, aus den M Merkmalen der Sorte C x_i Teile C und $(N-M)^{n-x_i}$ Möglichkeiten, aus den (N-M) Merkmalen der Sorte B $(n-x_i)$ Teile B zu ziehen. Da es $\binom{n}{x_i}$ mögliche Reihenfolgen der gezogenen Elemente gibt (Permutationen mit Wiederholung), ist die Gesamtzahl aller Möglichkeiten von Stichproben mit Zurücklegen x_i der Sorte C und $(n-x_i)$ der Sorte B zu erhalten:

$$P(x_i) = \frac{\binom{n}{x_i} \cdot M^{x_i} (N-M)^{n-x_i}}{N^n}$$

$$= \binom{n}{x_i} \frac{M^{x_i}(N-M)^{n-x_i}}{N^{x_i} \cdot N^{n-x_i}} = \binom{n}{x_i} \left(\frac{M}{N}\right)^{x_i} \left(\frac{N-M}{N}\right)^{n-x_i}$$

$$= \binom{n}{x_i} P^{x_i}(1-P)^{n-x_i} = \binom{n}{x_i} P(C)^{x_i} \cdot P(B)^{n-x_i}$$

In Anlehnung an den Binomischen Lehrsatz

$$(a+b)^n = \sum_{x_i=0}^{n} \binom{n}{x_i} a^{x_i} \cdot b^{n-x_i}$$

wird diese Verteilung Binomialverteilung genannt.

Die Parameter der Verteilung kann man sich wieder - teils aufwendig - aus den Gleichungen für die Momente errechnen. Sie sind

$$\mu = n \cdot P$$

$$\sigma^2 = n P (1 - P)$$

$$\gamma_1 = \frac{1 - 2P}{\sigma}$$

$$\gamma_2 = \frac{1 - 6P(1 - P)}{\sigma^2}$$

Die Summenfunktion ist gegeben durch

$$\emptyset(x) = \sum_{x_i = 0}^{x} P(x_i)$$

Um sich ein Bild von der Abhängigkeit der Binomialverteilung vom Parameter P zu machen, sind in der Abb. 14 für konstante Werte von n abhängig von der Wahrscheinlichkeit P die zugehörigen Funktionen P(x) dargestellt.

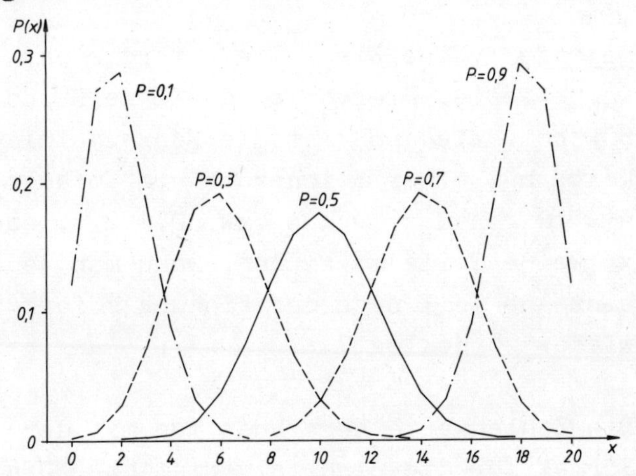

Abb. 14: Binomialverteilungen für n = 20, P = 0,1; 0,5, 0,7 und 0,9

Man kann der Abbildung 14 und der Tabelle 5 entnehmen, daß die Binomialverteilung im allgemeinen unsymmetrisch ist $\gamma_1 \neq 0$. Für $P < 0{,}5$ ist sie linksschräg ($\gamma_1 > 0$) und für $P > 0{,}5$ ist sie rechtsschräg ($\gamma_1 < 0$), nur für P = 0,5 ist sie symmetrisch.

P	0,1	0,3	0,5	0,7	0,9
μ	2,00	6,00	10,00	14,00	18,00
σ^2	1,800	4,2	5,000	4,200	1,8
γ_1	0,596	0,195	0	- 0,195	- 0,596
γ_2	0,255	- 0,062	- 0,1	- 0,062	0,255

Tab. 5: Parameter der Binomialverteilungen mit n = 20 und verschiedene Werte von P.

Beispiel: Eine Firma liefert rote und weiße Teile. Hiervon sind 40% weiß und 60% rot. Wie groß ist die Wahrscheinlichkeit, bei einer Stichprobe vom Umfange n = 10 genau x_i weiße bzw. 0,1,2... oder x_i weiße Teile zu ziehen, wenn man jedes einzelne Teil nach der Ziehung sofort wieder zurücklegt?

Die Zahlenwerte berechnet man mit der Formel für die Binomialverteilung. Die Ergebnisse kann man der Tabelle 2 entnehmen. Das Ziehen von genau 4 weißen Teilen besitzt die Wahrscheinlichkeit P(4) = 0,2508, das Auffinden von 0,1,2,3 oder 4 Teilen die Wahrscheinlichkeit Ø(4) = 0,6330.

Die Parameter sind weiter oben aus den allgemeinen Definitionsgleichungen schon einmal berechnet worden und ergeben sich mit den speziell für die Binomialverteilung angegebenen Gleichungen zu

$$\mu = n \cdot P = 10 \cdot 0,4 = 4$$

$$\sigma^2 = n \cdot P(1-P) = 10 \cdot 0,4 \cdot 0,6 = 2,4$$

$$\gamma_1 = \frac{1 - 2P}{\sigma} = \frac{1 - 0,8}{\sqrt{2,4}} = 0,13$$

$$\gamma_2 = \frac{1-6P(1-P)}{2} = \frac{1-6 \cdot 0,4 \cdot 0,6}{2,4} = - 0,183$$

Beispiel: Wie groß ist die Wahrscheinlichkeit, bei einem Skatspiel in n = 10 Zügen 3 Zehnen mit Zurücklegen zu ziehen?

Die Grundgesamtheit enthält N = 32 Karten. Die Anzahl der Möglichkeiten, eine Zehn zu ziehen, ist M = 4.

Damit ergibt sich P = 4/32 = 1/8 = 0,125

$$P(3) = \binom{10}{3} \cdot 0,125^3 \cdot 0,875^7 = 0,092$$

Beispiel: In einer Firma arbeiten zehn Personen, die im Mittel jeder für 24 Minuten in der Stunde eine bestimmte Maschine benötigen.

a) Mit welcher Wahrscheinlichkeit genügen drei, vier, fünf oder sechs Maschinen?

b) Wieviel Maschinen müssen zur Verfügung gestellt werden, wenn höchstens in 10% der Fälle gewartet werden soll?

a) Es liegt ein Problem vor, welches man in erster Näherung mit Hilfe der Binomialverteilung lösen kann. P=24/60=0,4

$$P(x_i) = \binom{10}{x_i} 0{,}4^{x_i} \cdot 0{,}6^{10-x_i}$$

Die Werte der Einzel- und der Summenwahrscheinlichkeiten sind in Tab. 2 tabelliert. Man findet, daß mit den Wahrscheinlichkeiten $\phi(3) = 0{,}3822$; $\phi(4) = 0{,}6330$; $\phi(5) = 8{,}337$; $\phi(6)=0{,}9452$ die x_i Maschinen genügen.

b) $\phi(x_j) \geq 0{,}90$; $x_j = 6$
Man benötigt sechs Maschinen

Beispiel: Für Streichhölzer wird garantiert, daß sie in 98% der Fälle zünden. Mit welcher Wahrscheinlichkeit zünden alle Streichhölzer einer Stichprobe vom Umfang n=100?

$$P(100) = \binom{100}{100} 0{,}98^{100} \cdot 0{,}02^{0} = 0{,}133$$

In 13% aller Stichproben zünden alle Streichhölzer.

Auch die Zahlenwerte der Binomialverteilung sind verhältnismäßig aufwendig zu berechnen. Für den Fall, daß $n\,P < 10$ und $n > 1500\,P$ sind, darf die Binomialverteilung durch die Poisson-Verteilung angenähert werden.

3.6.1.4 Poisson-Verteilung

Für die Herleitung der Poisson-Verteilung gibt es kein so anschauliches Modell wie bei den vorhergehenden Verteilungen. Sie wird zur angenäherten Berechnung der Zahlenwerte von Binomialverteilungen unter vorgegebenen Randbedingungen eingeführt.

Ausgehend von der Binomialverteilung

$$P(x_i) = \binom{n}{x_i} \cdot P^{x_i} (1 - P)^{n-x_i}$$

führt man eine positive Konstante $\lambda = n P > 0$ ein und berechnet sich die Verteilung für $n \to \infty$

$$P(x_i) = \binom{n}{x_i} \left(\frac{\lambda}{n}\right)^{x_i} \left(1 - \frac{\lambda}{n}\right)^{n-x_i}$$

$$= \frac{n(n-1)\cdot \ldots (n-x_i+1)\, \lambda^{x_i} \, (1- \frac{\lambda}{n})^n}{x_i! \qquad n^{x_i} \, (1- \frac{\lambda}{n})^{x_i}}$$

$$= \frac{\lambda^{x_i}}{x_i!} \; \frac{(1-\frac{\lambda}{n})^n}{(1-\frac{\lambda}{n})^{x_i}} \cdot 1 (1- \frac{1}{n})(1- \frac{2}{n}) \ldots (1-\frac{x_i -1}{n})$$

Da nach den Regeln für das Rechnen mit Grenzwerten der Grenzwert eines Produktes gleich dem Produkt der Grenzwerte der einzelnen Faktoren ist, werden für den Grenzübergang $n \to \infty$ die einzelnen von n abhängigen Faktoren untersucht.

$$\lim_{n \to \infty} \left(1 - \frac{\lambda}{n}\right)^n = e^{-\lambda}$$

$$\lim_{n \to \infty} \left(1 - \frac{1}{n}\right) = \lim_{n \to \infty}\left(1 - \frac{2}{n}\right) = \lim_{n \to \infty}\left(1 - \frac{x_i - 1}{n}\right) = 1$$

$$\lim_{n \to \infty} \frac{1}{\left(1 - \frac{\lambda}{n}\right)^{x_i}} = 1$$

Setzt man diese Grenzwerte ein, so erhält man die Gleichung für die Poisson-Verteilung

$$P(x_i) = \frac{\lambda^{x_i}}{x_i!} \, e^{-\lambda}$$

Die Parameter der Verteilung errechnet man zu

$$\mu = \lambda = n\,P$$
$$\sigma^2 = \mu$$
$$\gamma_1 = 1/\sqrt{\mu}$$
$$\gamma_2 = 1/\mu$$

Die Summenverteilung ergibt sich zu

$$\emptyset(x) = \sum_{x_i=0}^{x} \frac{\lambda^{x_i}}{x_i!} \, e^{-\lambda}$$

Da bei der Poisson-Verteilung die Wahrscheinlichkeit P wegen $\lambda = n\,P = \text{constant}$ mit $n \gg 1$ sehr klein wird, bezeichnet man diese Verteilung auch als die Verteilung seltener Ereignisse.

<u>Beispiel:</u> Eine Firma liefert rote und weiße Teile. In der Lieferung befindet sich ein Anteil von P = 0,02 roten Teilen. Wie groß ist die Wahrscheinlichkeit, bei einer Ziehung von n = 100 Teilen mit Zurücklegen genau kein, ein, zwei oder drei rote Teile zu ziehen?

Für diese Aufgabe müßte eigentlich die Binomialverteilung herangezogen werden. Da aber die Bedingungen

$n \cdot P < 10 \quad ; \quad 100 \cdot 0{,}02 = 2 < 10$

und

$n > 1500 \cdot P \quad ; \quad 1500 \cdot 0{,}02 = 30 < 100$

erfüllt sind, darf das Problem mit Hilfe der Poisson-Verteilung gelöst werden, wobei $\mu = 100 \cdot 0{,}02 = 2$ ist

$$\emptyset(3) = P(0) + P(1) + P(2) + P(3)$$

$$= \frac{2^0 \cdot e^{-2}}{0!} + \frac{2^1 \cdot e^{-2}}{1!} + \frac{2^2 \cdot e^{-2}}{2!} + \frac{2^3 \cdot e^{-2}}{3!}$$

$$= e^{-2}(1 + 2 + 2 + \frac{8}{6})$$

$$= 0{,}857$$

Mit der Binomialverteilung errechnet man einen Wert von 0,859.

3.6.1.5 Vergleich von Hypergeometrischen, Binomial- und Poisson-Verteilung

Im folgenden werden die drei Verteilungen in zwei Beispielen für unterschiedliche Werte von N, M, P und n berechnet. Mit Hilfe dieser Beispiele werden einmal die Gleichheit, dann die Unterschiedlichkeit der Verteilungen in Abhängigkeit von diesen Werten dargestellt.

<u>Beispiel:</u> Man berechne die Zahlenwerte der drei Verteilungen für N = 1000; M = 20 also P = 0,02 und n = 100, damit μ = 2 und stelle die Kurven graphisch dar.

	Hypergeometrische Verteilung		Binomialverteilung		Poisson-Verteilung	
x_i	$P(x_i)$	Ø(x)	$P(x_i)$	Ø(x)	$P(x_i)$	Ø(x)
0	0,119	0,119	0,133	0,133	0,135	0,135
1	0,270	0,389	0,271	0,404	0,271	0,406
2	0,288	0,677	0,273	0,677	0,271	0,677
3	0,192	0,869	0,182	0,859	0,180	0,857
4	0,089	0,958	0,090	0,949	0,090	0,947
5	0,031	0,989	0,035	0,984	0,036	0,983
6	0,008	0,997	0,011	0,995	0,012	0,995
7	0,002	0,999	0,003	0,998	0,003	0,998
8	0,000	0,999	0,001	0,999	0,001	0,999

Tabelle 6: Hypergeometrische, Binomial- und Poisson-Verteilung für N=1000;M=20;P=0,02;n=100; μ=2

Die Abb. 15 zeigt die drei Verteilungen

<u>Beispiel:</u> Man berechne die Zahlenwerte der drei Verteilungen für N = 20; M = 8; also P = 8/20 = 0,4 und n = 5, damit μ = 2 und stelle die Verteilungen graphisch dar.

x_i	Hypergeometrische Verteilung		Binomialverteilung		Poisson-Verteilung	
	$P(x_i)$	$\emptyset(x)$	$P(x_i)$	$\emptyset(x)$	$P(x_i)$	$\emptyset(x)$
0	0,0511	0,0511	0,0778	0,0778	0,135	0,135
1	0,2554	0,3065	0,2592	0,3370	0,271	0,406
2	0,3973	0,7038	0,3456	0,6826	0,271	0,677
3	0,2384	0,9422	0,2304	0,9130	0,180	0,857
4	0,0542	0,9964	0,0768	0,9898	0,090	0,947
5	0,0036	1,0000	0,0102	1,0000	0,036	0,983
					0,012	0,995
					0,003	0,998
					0,001	0,999

Tabelle 7: Hypergeometrische, Binomial- und Poisson-Verteilung für N=20,M=8,P=0,4;n=5; =2

Die Abb. 16 zeigt die drei Verteilungen

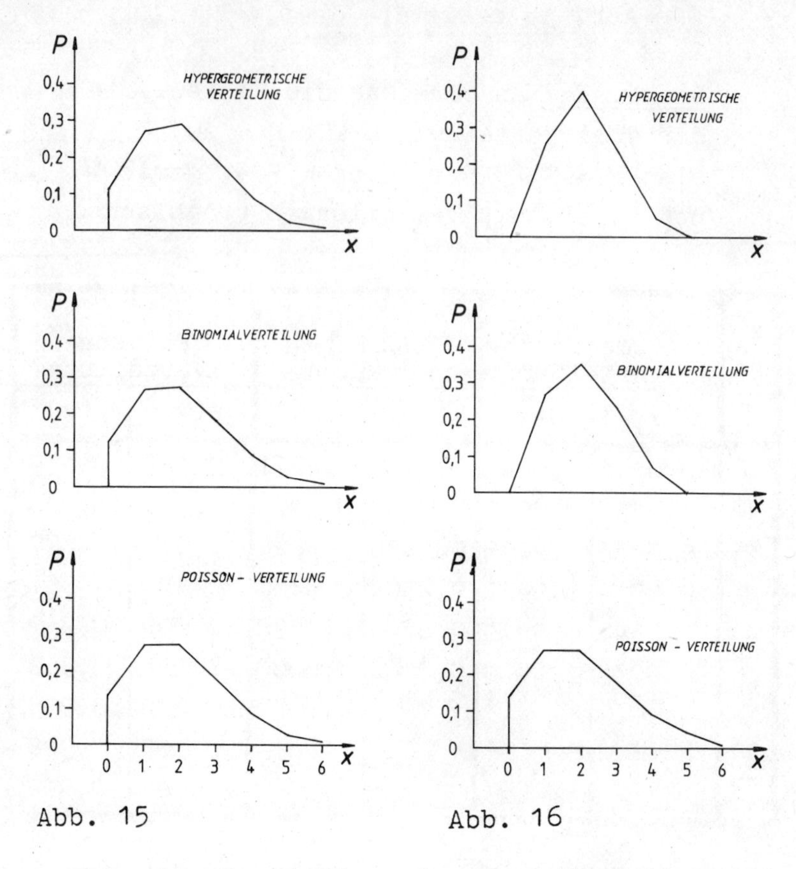

Abb. 15: Darstellung der drei Verteilungen für N = 1000; M = 20; n = 100

Abb. 16: Darstellung der drei Verteilungen für N = 20, M = 8, n = 5

Man sieht deutlich, daß die Verteilungen der Abb. 15 sehr ähnlich sind, dagegen unterscheiden sich die Verteilungen der Abb. 16 erheblich voneinander.

Da im ersten Beispiel $n/N \leqq 0,1$ ist, darf man auch die Hypergeometrische Verteilung durch die Binomialverteilung und, da sowohl $n\,P < 10$ als auch $1500\,P < n$ sind, beide durch die Poissonverteilung annähern. Im zweiten Beispiel sind mit $n/N = 0,25$; $n\,P = 2$ und $1500\,P = 6000$ die Bedingungen nicht erfüllt.

Diese Unterschiede erkennt man auch aus der Tabelle 8, in der die Parameter der 3 Verteilungen für die beiden Beispiele aufgeführt sind.

	N = 1000; M = 20; n=100 P = 0,02; μ= 2			N = 20; M = 8; n = 5 P = 0,4; μ= 2		
	Hyper. Verteil.	Binom. Verteil.	Poisson Verteil	Hyper. Verteil.	Binom. Verteil	Poisson Verteil.
μ	2,00	2,00	2,00	2,00	2,00	2,00
σ^2	1,77	1,96	2	0,95	1,20	2,00
γ_1	0,58	0,69	0,71	0,11	0,18	0,71
γ_2	0,19	0,45	0,50	-2,08	-0,37	0,50

Tabelle 8: Parameter der drei Verteilungen

3.6.2 Einige stetige Verteilungen

3.6.2.1 Die Normalverteilung oder Gauß-Verteilung

Die Gauß-Verteilung ist eine der wichtigsten Verteilungen der Wahrscheinlichkeitsrechnung und wurde von Carl Friedrich Gauß beim Ausgleich von Meßergebnissen um das Jahr 1800 formuliert.

Die Normalverteilung ist eine theoretische, stetige Verteilungsfunktion. Ihre Wahrscheinlichkeitsdichte ist definiert durch

$$\varphi(x) = \frac{1}{\sqrt{2\pi}} \frac{1}{b} e^{-\frac{1}{2}\left(\frac{x-a}{b}\right)^2}$$

mit den Parametern a und b und dem Normierungsfaktor $1/\sqrt{2\pi}$, der so bestimmt wurde, daß für die Summenfunktion gilt:

$$\emptyset(x_E) = \int_{x_A=-\infty}^{x_E=\infty} \varphi(x)\, dx = 1$$

Durch Einsetzen der Dichteverteilung in die allgemeinen Gleichungen für die Parameter können diese bei Verwendung der bestimmten Integrale

$$\int_{-\infty}^{\infty} e^{-\lambda u^2}\, du = \sqrt{\frac{\pi}{\lambda}}\ ;\ \lambda > 0$$

$$\int_{-\infty}^{\infty} u^{2k-1}\, e^{-\lambda u^2}\, du = 0\,; \quad \lambda > 0;\ k = 1,2,..$$

$$\int_{-\infty}^{\infty} u^{2k}\, e^{-\lambda u^2}\, du = \frac{1\cdot 3\cdot 5 \ldots (2k-1)}{2^k\ \lambda^k} \sqrt{\frac{\pi}{\lambda}}\ ;$$

$$\lambda > 0;\ k = 1,2,3,\ldots$$

errechnet werden

1. Berechnung des Mittelwertes

$$M\{X\} = \mu = \int_{-\infty}^{\infty} x \frac{1}{\sqrt{2\pi}} \cdot \frac{1}{b}\, e^{-\frac{1}{2}\left(\frac{x-a}{b}\right)^2} dx$$

$$= \int_{-\infty}^{\infty} (u\cdot b+a) \frac{1}{\sqrt{2\pi}}\, e^{-\frac{1}{2}u^2}\, du$$

$$= \underbrace{\int_{-\infty}^{\infty} \frac{b}{\sqrt{2\pi}}\, u\, e^{-\frac{1}{2}u^2}\, du}_{0} +$$

$$+ \ a \underbrace{\int_{-\infty}^{\infty} \frac{1}{\sqrt{2\pi}}\, e^{-\frac{1}{2}u^2}\, du}_{1} = a$$

Substitution $\quad u = \frac{x - a}{b}$

$$du = \frac{1}{b}\, dx$$

2. Berechnung der Varianz

$$V\{X\} = \sigma^2 = \int_{-\infty}^{\infty} (x-a)^2 \frac{1}{\sqrt{2\pi}} \frac{1}{b} e^{-\frac{1}{2}\left(\frac{x-a}{b}\right)^2} dx$$

$$= \int_{-\infty}^{\infty} b^2 u^2 \frac{1}{\sqrt{2\pi}} e^{-\frac{1}{2} u^2} du$$

$$= b^2 \cdot \frac{1}{\sqrt{2\pi}} \cdot \frac{2}{2} \cdot \sqrt{2\pi} = b^2$$

3. Berechnung der Schiefe

$$\gamma_1 = \int_{-\infty}^{\infty} \left(\frac{x-a}{b}\right)^3 \frac{1}{\sqrt{2\pi}} \cdot \frac{1}{b} e^{-\frac{1}{2}\left(\frac{x-a}{b}\right)^2} dx$$

$$= \int_{-\infty}^{\infty} u^3 \frac{1}{\sqrt{2\pi}} e^{-\frac{1}{2} u^2} du = 0$$

4. Berechnung der Wölbung

$$\gamma_2 = \int_{-\infty}^{\infty} \left(\frac{x-a}{b}\right)^4 \cdot \frac{1}{\sqrt{2\pi}} \frac{1}{b} e^{-\frac{1}{2}\left(\frac{x-a}{b}\right)^2} dx - 3$$

$$= \int_{-\infty}^{\infty} u^4 \cdot \frac{1}{\sqrt{2\pi}} e^{-\frac{1}{2} u^2} du - 3$$

$$= \frac{1 \cdot 3 \cdot 2^2}{\sqrt{2\pi}\, 2^2} \cdot \sqrt{2\pi} - 3$$

$$= 3 - 3 = 0$$

Hiermit ist gezeigt, daß für die Parameter gilt

$$\mu = a$$
$$\sigma = b$$
$$\gamma_1 = 0$$
$$\gamma_2 = 0$$

Unter Verwendung dieser Werte kann man die Dichteverteilung auch in die Form

$$\varphi(x) = \frac{1}{\sqrt{2\pi}} \cdot \frac{1}{\sigma} e^{-\frac{1}{2}\left(\frac{x-\mu}{\sigma}\right)^2}$$

schreiben.

Die Funktion ist definiert für alle Werte von x, sie erstreckt sich also von $-\infty$ bis $+\infty$. Ihr Wertebereich umfaßt nur positive Werte. Sie ist spiegelsymmetrisch zur Geraden $x = \mu$ und hat die Form einer Glocke. Ihr Maximum kann man durch Nullsetzen der ersten Ableitung nach x zu $x_{max} = \mu$ finden, ihre Wendepunkte durch Nullsetzen der zweiten Ableitung nach x zu $x_{W1} = \mu + \sigma$, $x_{W2} = \mu - \sigma$ bestimmen.

Die Lage und die Form der Glockenkurve sind durch μ und σ bestimmt. μ bestimmt die Lage der Verteilung in bezug auf die x-Achse, σ^2 die Form der Kurve, mit steigendem σ^2 wird die Kurve immer flacher.

Es ist recht aufwendig, Funktionswerte der Glockenkurve für verschiedene Zahlenwerte von σ zu berechnen. Man kann sich das Verfahren etwas erleichtern, wenn man den Wert $y(\mu) = y_{max} = \frac{1}{\sigma\sqrt{2\pi}}$ berechnet und dann ausnutzt, daß die folgenden Näherungswerte gelten:

$x - \mu$	0	$\pm 0{,}5\sigma$	$\pm 1{,}0\sigma$	$\pm 1{,}5\sigma$
y/y_{max}	1,0000	0,8825	0,6065	0,3247
$x - \mu$	$\pm 2{,}0\sigma$	$\pm 2{,}5\sigma$	$\pm 3{,}0\sigma$	$\pm 4{,}0\sigma$
y/y_{max}	0,1353	0,0439	0,0111	0,0003

Tabelle 9: Näherungswerte zum Zeichnen der Normalverteilung

Die Abb. 17 zeigt Dichteverteilungen $\varphi(x)$ und Summenverteilungen $\emptyset(x)$ für verschiedene Werte von σ. Bei dieser Kurve fallen der Mittelwert μ, das Maximum der Verteilung x_{max} und der Punkt x_{50}, für den die Hälfte der Elemente kleiner und die andere Hälfte größer sind, zusammen.

Bei allen drei Verteilungen gilt $\emptyset(\mu - \sigma)=0{,}16$ und $\emptyset(\mu + \sigma) = 0{,}84$. Damit ist

$$\emptyset(\mu - \sigma \leqq x \leqq \mu + \sigma) = 0{,}84 - 0{,}16 = 0{,}68.$$

Dieses bedeutet, daß bei einer Normalverteilten Grundgesamtheit 68 % der Ereignisse im Bereich $\mu - \sigma \leqq x \; \mu + \sigma$ liegen.

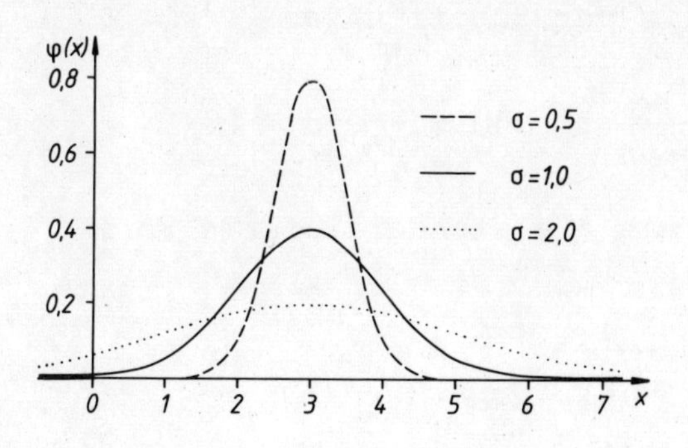

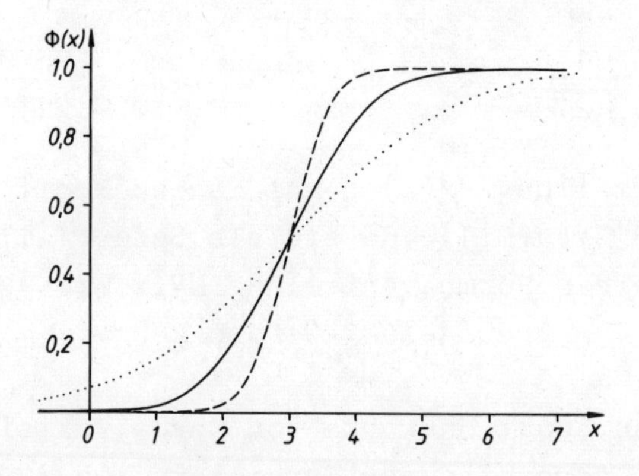

Abb. 17: Dichteverteilungen $\varphi(x)$ und Summenverteilungen $\emptyset(x)$ für $\mu = 3$ und verschiedene Werte von σ.

Die Summenkurve $\emptyset(x)$ findet man durch Integration der Funktion $\varphi(x)$.

$$\emptyset(x) = \int_{-\infty}^{x} \varphi(t)\, dt = \frac{1}{\sqrt{2\pi}} \int_{-\infty}^{x} \frac{1}{\sigma}\, e^{-\frac{1}{2}\left(\frac{t-\mu}{\sigma}\right)^2} dt$$

Mit Hilfe der Substitution

$$u = \frac{t - \mu}{\sigma} \quad ; \quad du = \frac{1}{\sigma} dt$$

erhält man die standardisierte Form

$$\varnothing(u_1) = \frac{1}{\sqrt{2\pi}} \int_{-\infty}^{u_1} e^{-u^2/2} du$$

$$= \int_{-\infty}^{u_1} \varphi(u) \, du$$

$$\varphi(u) = \frac{1}{\sqrt{2\pi}} \cdot e^{-\frac{1}{2}u^2}$$

Die Verteilung $\varphi(u)$ nennt man auch oft abkürzend NV(u;0;1), da sie als Sonderfall der allgemeinen Normalverteilung $NV(x;\mu;\sigma^2)$ mit $\mu = 0$; $\sigma^2 = 1$ aufgefaßt werden kann.

Wenn man Funktionswerte von Normalverteilungen mit verschiedenen Parametern μ und σ benötigt, ist es oft zeitaufwendig, diese einzeln zu berechnen. Statt dessen arbeitet man entweder mit den Werten der Tab. 9 oder berechnet und tabelliert die Zahlenwerte der Funktion $\varphi(u)$ und findet dann über die Beziehung

$$\varphi(x) = \frac{1}{\sigma} \varphi(u)$$

den zum Merkmalswert x gehörenden Wert der Häufigkeitsdichte. Da $\varphi(x)$ und wegen der linearen Transformation auch $\varphi(u)$ symmetrisch sind, tabelliert man meisten φ(u) nur für positive Werte von u. In der Tabelle 10 sind die Ordinaten der standardisierten Normalverteilung für mehrere Werte u aufgeführt. Neben der Dichtefunktion sind auch die zugehörigen Werte der Summenfunktion aufgeführt.

Das Integral

$$\emptyset(u_1) = \int_{-\infty}^{u_1} \frac{1}{\sqrt{2\pi}} e^{-u^2/2} \, du$$

ist nicht geschlossen lösbar und läßt sich nur mit Hilfe einer Reihenentwicklung berechnen. Man tabelliert die Werte meistens für positive u und berechnet

$$\emptyset(-u_1) = 1 - \emptyset(u_1)$$

Hiermit erhält man auch

$$\begin{aligned} \emptyset(-u_1 \leqq u \leqq +u_1) &= \emptyset(u_1) - \emptyset(-u_1) \\ &= \emptyset(u_1) - \left[1 - \emptyset(u_1)\right] \\ &= 2\emptyset(u_1) - 1 \end{aligned}$$

Die Summenlinien von Normalverteilungen stellen in einem Koordinatensystem, in dem beide Achsenmaßstäbe linear sind, eine häufig nur schwierig zu zeichnende "S-Kurve", eine Sigmoidkurve, dar (Abb. 17). Deshalb sucht man ein Koordinatensystem derart, indem die Summenlinie zu einer Geraden ge-

u_i	(u_1)	$\varnothing(u_1)$	u_1	(u_1)	$\varnothing(u_1)$
0,0	0,3989	0,5000	2,0	0,0540	0,9773
0,1	0,3970	0,5398	2,1	0,0440	0,9821
0,2	0,3910	0,5793	2,2	0,0355	0,9861
0,3	0,3814	0,6179	2,3	0,0283	0,9893
0,4	0,3683	0,6554	2,4	0,0224	0,9918
0,5	0,3521	0,6915	2,5	0,0175	0,9994
0,6	0,3332	0,7257	2,6	0,0136	0,9953
0,7	0,3123	0,7580	2,7	0,0104	0,9965
0,8	0,2897	0,7881	2,8	0,0079	0,9974
0,9	0,2661	0,8159	2,9	0,0060	0,9981
1,0	0,2420	0,8413	3,0	0,0044	0,9987
1,1	0,2179	0,8643	3,1	0,0033	0,9990
1,2	0,1942	0,8849	3,2	0,0024	0,9993
1,3	0,1714	0,9032	3,3	0,0017	0,9995
1,4	0,1497	0,9192	3,4	0,0012	0,9997
1,5	0,1295	0,9332	3,5	0,0009	0,9998
1,6	0,1109	0,9452	3,6	0,0006	0,9998
1,7	0,0941	0,9554	3,7	0,0004	0,9999
1,8	0,0790	0,9641	3,8	0,0003	0,9999
1,9	0,0656	0,9713	3,9	0,0002	0,9999
2,0	0,0540	0,9773	4,0	0,0001	0,9999

Tabelle 10: Dichte und Wahrscheinlichkeitssummen der standardisierten Normalverteilung

streckt wird. Um dieses Koordinatennetz zu erhalten, zeichnet man in den ersten Quadranten eines Koordinatensystems eine schräg liegende Gerade mit positiver Steigung und ordnet den Abszissenwerten u_i die zugehörigen Ordinatenwerte $\emptyset(u_i)$ zu. Z.B. geht man für $u_1 = 0$ senkrecht hoch bis zum Schnittpunkt mit der Geraden und dann waagerecht bis zum Schnittpunkt mit der Ordinate und ordnet diesem den Wert $\emptyset(0) = 0,5$ zu. Entsprechend geht man für $u_2 = 1$ vor und ordnet der Ordinate den Wert 0,8413 zu. Solche Netze sind im Fachhandel als Wahrscheinlichkeitspapier käuflich.

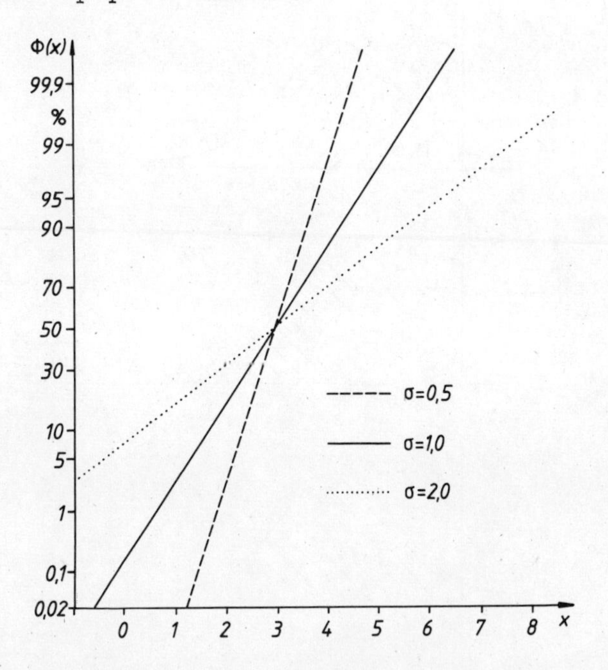

Abb. 18: Beispiele für Normalverteilungen im Wahrscheinlichkeitspapier ($\mu = 3$)

Die Abb. 18 zeigt ein solches Wahrscheinlichkeitsnetz, in welches die Summenkurven der Abb. 17 eingezeichnet sind. Aus dieser Darstellung bzw. aus der Tabelle 10 bei Anwendung der Formeln

$$\emptyset(-u_1) = 1 - \emptyset(u_1)$$

$$\emptyset(-u_1 \leqq u \leqq + u_1) = 2\,\emptyset(u_1) - 1$$

kann man untere,obere Schwellen zu statistischen Sicherheiten S und Š bei ein- bzw. zweiseitiger Abgrenzung ermitteln. Die

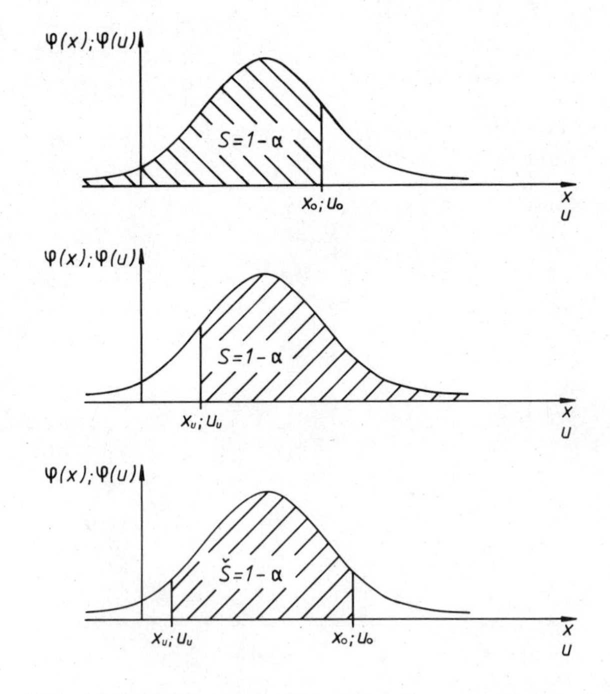

Abb. 19: Schwellenwerte zu ein- und zweiseiseitigen Abgrenzungen

Abb. 19 zeigt noch einmal die Bedeutung der Schwellenwerte.

<u>Beispiel:</u> Wie groß ist die obere Schwelle u_O bzw. x_O zur statistischen Sicherheit S bei einseitiger Abgrenzung?

Wie groß ist die untere Schwelle u_U bzw. x_U zur statistischen Sicherheit S bei einseitiger Abgrenzung?

S	u_O	x_O	S	u_U	x_U
0,500	0	μ+ 0,000 σ	0,500	- 0,000	μ- 0,000 σ
0,600	0,253	μ+ 0,253 σ	0,400	- 0,253	μ- 0,253 σ
0,700	0,524	μ+ 0,524 σ	0,300	- 0,524	μ- 0,524 σ
0,800	0,842	μ+ 0,842 σ	0,200	- 0,842	μ- 0,842 σ
0,900	1,282	μ+ 1,282 σ	0,100	- 1,282	μ- 1,282 σ
0,950	1,645	μ+ 1,645 σ	0,050	- 1,645	μ- 1,645 σ
0,975	1,960	μ+ 1,960 σ	0,025	- 1,960	μ- 1,960 σ
0,990	2,326	μ+ 2,326 σ	0,010	- 2,326	μ- 2,326 σ
0,995	2,576	μ+ 2,576 σ	0,005	- 2,576	μ- 2,576 σ
0,999	3,090	μ+ 3,090 σ	0,001	- 3,090	μ- 3,090 σ
0,841	1,000	μ+ 1,000 σ	0,159	- 1,000	μ- 1,000 σ
0,977	2,000	μ+ 2,000 σ	0,023	- 2,000	μ- 2,000 σ
≈0,999	3,000	μ+ 3,000 σ	≈0,001	- 3,000	μ- 3,000 σ

Tab. 11: Obere bzw. untere Grenzen zu einseitigen statistischen Sicherheiten S

<u>Beispiel:</u> Wie groß sind die untere Schwelle u_U, x_U und die obere Schwelle u_O, x_O bei zweiseitiger symmetrischer Abgrenzung zur statistischen Sicherheit $\check{S}$?

$\check{S}$	u_U	x_U	u_O	x_O
0,500	- 0,675	$\mu -$ 0,675 σ	0,675	$\mu +$ 0,675 σ
0,600	- 0,842	$\mu -$ 0,842 σ	0,842	$\mu +$ 0,842 σ
0,700	- 1,036	$\mu -$ 1,036 σ	1,036	$\mu +$ 1,036 σ
0,800	- 1,282	$\mu -$ 1,282 σ	1,282	$\mu +$ 1,282 σ
0,900	- 1,645	$\mu -$ 1,645 σ	1,645	$\mu +$ 1,645 σ
0,950	- 1,960	$\mu -$ 1,960 σ	1,960	$\mu +$ 1,960 σ
0,975	- 2,241	$\mu -$ 2,241 σ	2,241	$\mu +$ 2,241 σ
0,990	- 2,576	$\mu -$ 2,576 σ	2,576	$\mu +$ 2,576 σ
0,995	- 2,807	$\mu -$ 2,807 σ	2,807	$\mu +$ 2,807 σ
0,999	- 3,291	$\mu -$ 3,291 σ	3,291	$\mu +$ 3,291 σ
0,683	- 1,000	$\mu -$ 1,000 σ	1,000	$\mu +$ 1,000 σ
0,955	- 2,000	$\mu -$ 2,000 σ	2,000	$\mu +$ 2,000 σ
0,997	- 3,000	$\mu -$ 3,000 σ	3,000	$\mu +$ 3,000 σ

Tab. 12: Untere und obere Grenzen zu zweiseitigen statistischen Sicherheiten

Von den Daten der Tabelle 12 sollte man sich merken, daß in dem Bereich $\mu - \sigma \leqq x \leqq \mu + \sigma$ - im Ein-Sigma-Bereich - etwa 68% der Merkmalswerte einer Normalverteilung, im Bereich $\mu - 2\sigma \leqq x \leqq \mu + 2\sigma$ - im Zwei-Sigma-Bereich - etwa 95% und im Bereich $\mu - 3\sigma \leqq x \leqq \mu + 3\sigma$ - im Drei-Sigma-Bereich - etwa 99,7% der Merkmalswerte liegen.

<u>Beispiel:</u> Ein Kunde verlangt die Lieferung von Bolzen vom Durchmesser $(10 \pm 0{,}1)$mm. Aus langer Beobachtung der Fertigung ist bekannt, daß die Produktion NV$(\mu; \sigma^2)$ verteilt. Wieviel Prozent der Lieferung liegen im Sollbereich bei verschiedenen Werten μ, σ^2?

μ	σ	Sollbereich	Gutanteil %
10,0	0,1	$\mu - \sigma \leq x \leq \mu + \sigma$	68,2
10,1	0,1	$\mu - 2\sigma \leq x \leq \mu$	47,7
10,2	0,1	$\mu - 3\sigma \leq x \leq \mu - \sigma$	15,8
10,0	0,2	$\mu - \frac{\sigma}{2} \leq x \leq \mu + \frac{\sigma}{2}$	38,3
10,0	0,05	$\mu - 2\sigma \leq x \leq \mu + 2\sigma$	97,7

Tabelle 13: Gutanteil bei vorgegebenen Sollwerten für verschiedene Werte von μ und σ

3.6.2.1.1 Zentraler Grenzwertsatz

Wegen der großen Bedeutung für die Statistik wird auf das Additionstheorem (vgl. 3.5.1 Absatz 3a) für zufällige, voneinander unabhängige Zufallsvariablen ($\varrho^2 = 0$) bei der Normalverteilung noch einmal eingegangen.

Sind die Zufallsvariablen X_i $(i = 1,2,\ldots,n)$ stochastisch unabhängig und normalverteilt $NV(\mu_i; \sigma^2_i)$, dann ist die Summe von Einzelwerten der Zufallsvariablen

$$z_k = x_{1;k} + x_{2;k} + \ldots + x_{n;k}$$

auch wieder normalverteilt:

$$\varphi(z) = NV\left(z; \sum_{i=1}^{n} \mu_i; \sum_{i=1}^{n} \sigma_i^2\right)$$

Dieses Additionstheorem wird im zentralen Grenzwertsatz verallgemeinert und in dieser Verallgemeinerung liegt eine der großen Bedeutungen der Normalverteilung für die Anwendung.

Die Zufallsgrößen X_1, $X_2, \ldots$, $X_i, \ldots$ X_n werden als voneinander unabhängig vorausgesetzt, besitzen jeweils die Mittelwerte μ_1, $\mu_2, \ldots \mu_n$ und die Varianzen σ_1^2, $\sigma_2^2, \ldots$ σ_n^2. Die X_i müssen aber nicht notwendigerweise normalverteilt sein.

Dann gilt nach dem zentralen Grenzwertsatz, daß die Verteilung der Summe der Zufallsgrößen gegen eine NV(z; μ; σ^2) für n gegen unendlich konvergiert mit

$$\mu = \mu_1 + \mu_2 + \ldots + \mu_n$$

$$\sigma^2 = \sigma_1^2 + \sigma_2^2 + \ldots + \sigma_n^2$$

Für die Gültigkeit des zentralen Grenzwertsatzes muß erfüllt sein, daß die Summe der Varianzen für $n \to \infty$ auch gegen unendlich konvergiert. Damit soll gewährleistet werden, daß alle X_i einen Beitrag zur Gesamtvarianz tragen, und nicht nur einige wenige.

Bei den praktischen Anwendungen sind die Voraussetzungen des zentralen Grenzwertsatzes schon bei recht kleinen Werten von n erfüllt, zumindest dann, wenn die Verteilungen der X_i dieselbe, nicht allzu unsymmetrische Gestalt besitzen. In den meisten Fällen genügen schon Werte von $n \geq 10$, damit der Fehler zwischen einer exakten und einer Annäherung durch eine Normalverteilung vernachlässigbar klein wird.

Wegen der Kenntnis des zentralen Grenzwertsatzes nimmt man in der Praxis oft ohne Prüfung die Hypothese an, daß auszuwertende Meßergebnisse normalverteilt seien und damit auch, daß es nur ein additives Verhalten der Zufallsvariablen gibt. Diese Annahme ist zwar oft berechtigt, muß aber mit den in Band 2 gezeigten Testverfahren überprüft werden.

Ein wichtiger Sonderfall für die Anwendung des zentralen Grenzwertsatzes besteht darin, daß man aus einer Grundgesamtheit $\varphi(x)$ mit dem Mittelwert μ und der Standardabweichung σ^2 mehrere Stichproben ($k = 1,2,...K$) von Umfange n mit Wiederhineinlegen zieht. Die Elemente der k-ten Stichprobe heißen $x_{i;k}$ mit $i = 1,2,...n$ mit $P(x_{i;k}) = 1/n$. Die einzelnen Elemente einer Stichprobe faßt man zusammen zu einer Summe

$$z_k = \sum_{i=1}^{n} x_{i;k}$$

Die z_k bilden eine neue Verteilung $\varphi(z)$.

Da die einzelnen Summanden $x_{i;k}$ einer Verteilung mit μ und σ^2 entnommen sind, ergibt sich der Mittelwert der Verteilung $\varphi(z)$ zu

$$M\{Z\} = \mu_{(z)} = n \cdot \mu$$

und die Varianz zu

$$V\{Z\} = \sigma_{(z)}^2 = n\,\sigma^2$$

Bildet man jetzt eine neue Verteilung dadurch, daß man die Summe der mit 1/n multiplizierten Elemente jeder Stichprobe jeweils zu einer neuen Zufallsvariablen $\bar{x}_k$ zusammenfaßt, so gilt

$$\bar{x}_k = \sum_{i=1}^{n} \frac{x_{i;k}}{n} = \frac{1}{n} \sum_{i=1}^{n} x_{i;k} = \frac{1}{n} z_k$$

Die $\bar{x}_k$ der verschiedenen Stichproben bilden wiederum eine neue Verteilung $\varphi(\bar{x})$. Deren Mittelwert und Varianz kann man mit Hilfe des Multiplikationssatzes (vergl. 3.5.1 Abs. 2) ermitteln zu:

$$M\{\bar{X}\} = \mu_{(\bar{x})} = \frac{1}{n} \mu_{(z)} = \mu$$

und

$$V\{\bar{X}\} = \sigma_{(\bar{x})}^{2} = \frac{1}{n^2} \sigma_{(z)}^{2} = \frac{n\sigma^2}{n^2} = \frac{\sigma^2}{n}$$

Dieses bedeutet zusammengefaßt, daß die Verteilung der $\bar{x}_k$ den Mittelwert μ und die Varianz σ^2/n besitzt und nach dem zentralen Grenzwertsatz sogar bei hinreichend großem n annähernd normalverteilt ist.

$$\lim_{n \to \infty} \varphi(\bar{x}_k) = NV(\bar{x}; \mu; \frac{\sigma^2}{n})$$

Dieses hat zur Folge, daß

$$\bar{x}_k = \frac{1}{n} \sum_{i=1}^{n} x_{i;k}$$

ein Schätzwert für den Mittelwert μ einer Stichprobe ist. Meistens läßt man den Index k auf beiden Seiten weg und bezeichnet den arithmetischen Mittelwert

$$\bar{x} = \frac{1}{n} \sum_{i=1}^{n} x_i$$

als Schätzwert für die Lage der Verteilung, als Schätzwert für μ.

<u>Beispiel:</u> Aus einer Grundgesamtheit mit $\mu = 3$; $\sigma = 2$ werden Stichproben vom Umfange n gezogen. In welchem Bereich $\bar{x}_U \leqq \bar{x} \leqq \bar{x}_O$ liegen bei zweiseitiger Abgrenzung 95% der Stichprobenmittelwerte?

Mit Hilfe der früher getroffenen Näherungsangabe, daß im 2 σ-Bereich 95% der Meßwerte liegen, findet man hier.

n	σ^2/n	$\sigma_{(\bar{x})}$	$\bar{x}_u$	$\bar{x}_o$	$\sigma_{(\bar{x})}/\mu$
1	4	2,000	- 1	7	0,667
5	0,8	0,894	1,212	4,788	0,298
10	0,4	0,632	1,736	4,264	0,211
50	0,08	0,283	2,434	3,566	0,094
100	0,04	0,200	2,600	3,400	0,067
500	0,008	0,089	2,822	3,178	0,030
1000	0,004	0,063	2,874	3,126	0,021

Tabelle 14: Obere und untere Schwellenwerte abhängig vom Stichprobenumfang

Aus der Tabelle 14 und der Abb. 20 im logarithmischen Maßstab erkennt man deutlich, daß der durch die Schwellenwerte abgegrenzte Bereich für x mit wachsendem n immer kleiner wird. Die Grenzkurven nähern sich beidseitig dem Wert μ. Damit ist auch anschaulich gezeigt, daß $\bar{x}$ mit größer werdendem n ein immer besserer Schätzwert für μ wird.

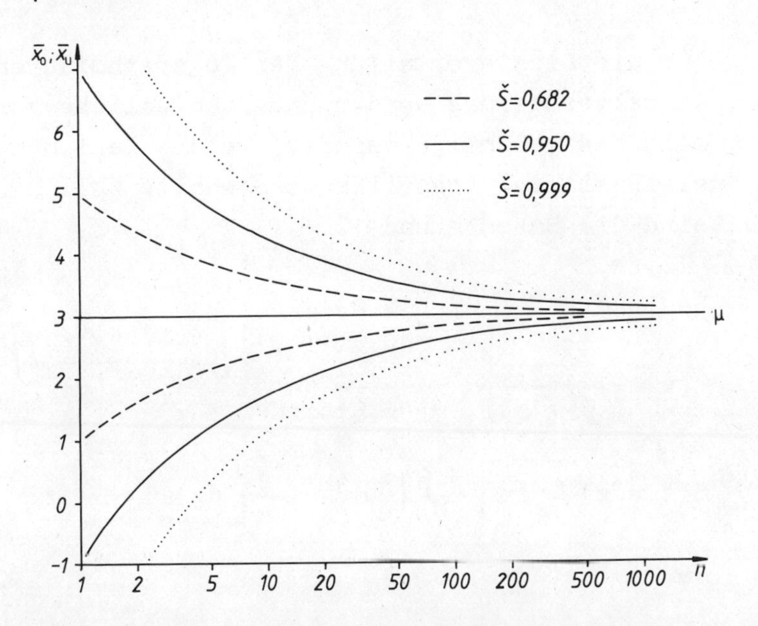

Abb. 20: Darstellung der Schwellenwerte $\bar{x}_o$, $\bar{x}_U$ als Funktion des Stichprobenumfanges für $\check{S}$ = 0,682; $\check{S}$ = 0,950; $\check{S}$ = 0,999.

3.6.2.2 Logarithmische Normalverteilung

In der Praxis stellt man oft bei dem Versuch, die Meßwerte x_i einer Stichprobe durch eine der bisher gehandelten Verteilungen zu beschreiben, fest, daß die Meßergebnisse nicht genau genug wiedergegeben werden. In solchen Fällen beschreibt oft die logarithmische Normalverteilung die Verteilung besser.

Für die Dichteverteilung der logarithmischen Normalverteilung werden unterschiedliche Formeln angegeben, je nachdem, welche Zahl man als Basis des Logarithmusses wählt. Üblich sind die Basen e und 10.

Basis e: ($\tilde{a} \geqq 0$; $\hat{b} > 0$)

$$\varphi(x) = \frac{1}{\sqrt{2\pi}\,\sigma_{(v)}} \cdot \frac{1}{(x-\hat{a})} \; e^{-\frac{1}{2}\left[\frac{v(x) - \mu_{(v)}}{\sigma_{(v)}}\right]^2}$$

mit $v(x) = \ln\left|\frac{x-\hat{a}}{\hat{b}}\right|$; $dv = \frac{1}{x-\hat{a}}\,dx$

Basis 10: ($\tilde{a} \geqq 0$; $\tilde{b} > 0$)

$$\varphi(x) = \frac{1}{\sqrt{2\pi}\,\sigma_{(w)}} \cdot \frac{\lg e}{(x-\hat{a})} \; e^{-\frac{1}{2}\left[\frac{w(x) - \mu_{(w)}}{\sigma_{(w)}}\right]^2}$$

mit $w(x) = \lg\left|\frac{x-\hat{a}}{\hat{b}}\right|$; $dw = \frac{\lg e}{x-\hat{a}}\,dx$

Welche von den beiden Formeln man wählt, bleibt dem Anwender überlassen. Da es im Handel Netztafeln mit logarithmischer Teilung zur Basis 10 zu kaufen gibt, wird meistens die letzte Form der Gleichung angewendet.

Die Verteilung $\varphi(x)$ ist eine unsymmetrische Verteilung. Sie ist definiert für alle Werte von $a \leq x \leq \infty$ und ihr Wertebereich umfaßt nur positive Werte für $\varphi(x)$.

Die Abb. 21 zeigt eine logarithmische Verteilung für $\tilde{a} = 0$, $\tilde{b} = 1$, $\mu_{(w)} = 0{,}7$; $\sigma_{(w)} = 0{,}2$, bei Verwendung der Basis 10 als Funktion von x. In den Diagrammen 21a und 21c sind linear geteilte, in den Abb. 21b und 21d logarithmische geteilte Maßstäbe in x auf der Abszisse verwendet. Die Abb. 21a und 21b zeigen die Dichtefunktion, die Abb. 21c,d die Summenfunktion in einem Netz, bei dem die Ordinate nach den Werten der Summenverteilung der Gaußschen Normalverteilung beziffert ist. Die Abb. 21a zeigt den unsymmetrischen Graphen der Kurve $\varphi(x)$. In der Abb. 21c ist die Summenfunktion

$$\phi(x_i) = \int_a^{x_i} \varphi(x)\, dx$$

dargestellt. Man erkennt deutlich die Krümmung der Kurve.

In den Abb. 21b und 21d sind die Abszissen logarithmisch in x bzw. linear in w geteilt. Die Abb. 21b zeigt die Dichtefunktion

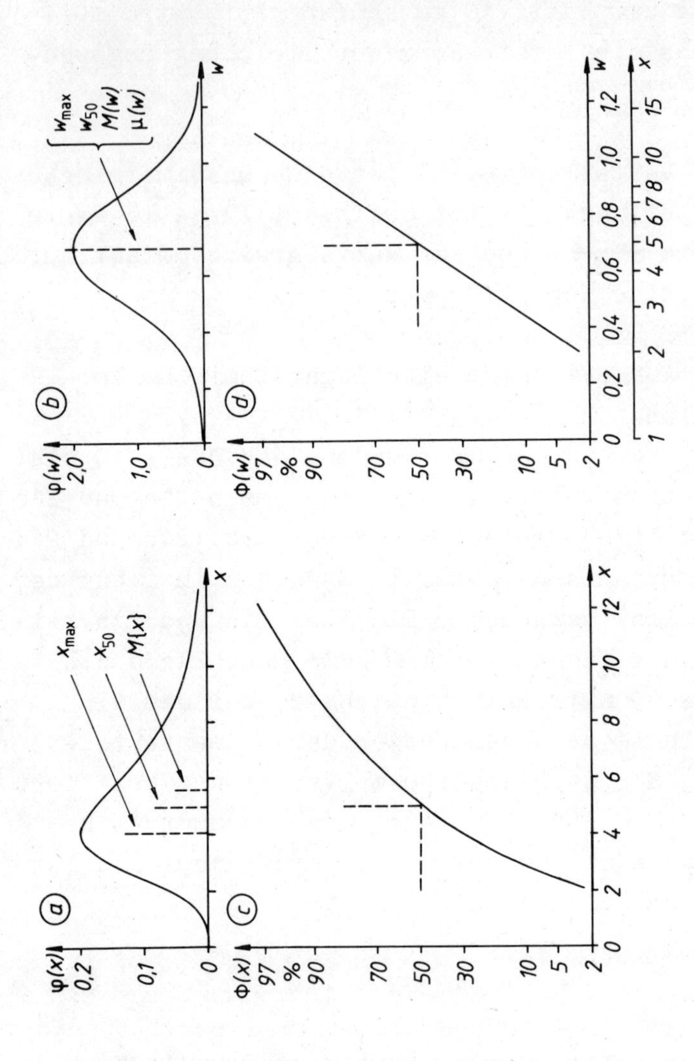

Abb. 21: Logarithmische Normalverteilung

$$\varphi(w) = \frac{1}{\sqrt{2\pi}} \frac{1}{\sigma_{(w)}} e^{-\frac{1}{2}\left[\frac{w - \mu_{(w)}}{\sigma_{(w)}}\right]^2}$$

$\varphi(w)$ ist die Gleichung einer NV $(w; \mu_{(w)}; \sigma^2_{(w)})$

Die in Abb. 21d dargestellte Summenkurve

$$\varnothing(w_i) = \int_{-\infty}^{w_i} \frac{1}{\sqrt{2\pi}\,\sigma_{(w)}} e^{-\frac{1}{2}\left[\frac{w - \mu_{(w)}}{\sigma_{(w)}}\right]^2} dw$$

ist erwartungsgemäß eine Gerade.

Aus den Abb. b, d entnimmt man - wie bei jeder Gaußschen Normalverteilung -, daß der häufigste Wert w_{max} , der 50%-Wert w_{50} und das arithmetische Mittel $\bar{w}$ alle zusammenfallen im Punkte $\mu_{(w)}$.

Man entnimmt der Zeichnung der Abb. d $\mu_{(w)}=0{,}7$ und

$$\sigma_{(w)} = \frac{1}{2}\left[\varnothing_{0,841} - \varnothing_{0,159}\right] = \frac{1}{2}\left[0{,}9 - 0{,}5\right] = 0{,}2$$

wie oben vorausgesetzt.

Geht man nun zurück in die Abb. a und c, so fällt als erstes auf, daß der häufigste Wert und der 50%-Wert nicht mehr zusammenfallen.

Den Zusammenhang zwischen den Parametern vor und nach der Transformation zeigt die Tab. 15.

	Basis e $\mu_{(v)}$; $\sigma_{(v)}$	Basis 10 $\mu_{(w)}$; $\sigma_{(w)}$
Häufigster Wert x_{max}	$\hat{a} + \hat{b}\ e^{-\sigma^2}$	$\tilde{a} + \tilde{b}\ 10^{\mu - \sigma^2 \cdot \ln 10}$
Mittelwert $M\{x\} = \mu_{(x)}$	$\hat{a} + \tilde{b} \cdot e^{\mu + 0,5\sigma^2}$	$\tilde{a} + \tilde{b} \cdot 10^{\mu + 0,5\sigma^2 \ln 10}$
Median, 50%-Wert x_{50}	$\hat{a} + \hat{b}\ e^{\mu}$	$\tilde{a} + \tilde{b}\ 10^{\mu}$
Varianz $V\{x\} = \sigma_{(x)}{}^2$	$\tilde{b}^2 \cdot e^{(2\mu + \sigma^2)} \cdot (e^{\sigma^2} - 1)$	$\tilde{b}^2 \cdot 10^{(2\mu + \sigma^2 \ln 10)} \cdot (10^{\sigma^2 \ln 10} - 1)$

Tab. 15: Zusammenhang zwischen den Parametern der logarithmisch transformierten Normalverteilung und denen der Ausgangsverteilung

Über diese Beziehung kann man sich aus den Werten der im logarithmischen Netz ermittelten Kennwerten die Kennwerte der Ausgangsverteilung errechnen.

Beispiel: Man berechne die Parameter der Verteilung $\varphi(x)$, wenn die logarithmisch transformierte Verteilung eine NV mit den Zahlen $\hat{a} = 0$; $\tilde{b} = 1$; $\mu_{(w)} = 0,7$; $\sigma_{(w)} = 0,2$ ist.

$$x_{max} = 0 + 1 \cdot 10^{0,7 - 0,04 \cdot \ln 10} = 4,05$$

$$\mu_{(x)} = 0 + 1 \cdot 10^{0,7 + 0,04 \cdot 0,5 \cdot \ln 10} = 5,57$$

$$x_{50} = 0 + 1 \cdot 10^{0,7} = 5,01$$

$$\sigma_{(x)}^2 = 10^{2 \cdot 0,7 + 0,04 \cdot \ln 10}(10^{0,04 \ln 10} - 1) = 7,34$$

$$\sigma_{(x)} = \qquad = 2,71$$

Üblicherweise beziffert man die Abszisse der Abb. 21b, d nicht in w (oder in v) linear, sondern gleich in x, dann aber nicht mehr linear, sondern logarithmisch geteilt. Aus dieser Darstellung kann man nur die zu Häufigkeitssummen gehörenden Werte unmittelbar ablesen.

Z.B. $x_{0,159} = 3,2$; $x_{0,500} = 5,0$; $x_{0,841} = 8,0$.

Diese Werte stimmen mit den entsprechenden Werten jeder anderen Darstellung dieser Summenverteilung, also auch mit denen der Abb. c überein. $M\{X\}$; $V\{X\}$, ja selbst $V\{W\}$ kann man aus der Darstellung d mit der Bezifferung nach x nicht unmittelbar ablesen. Wegen der logarithmischen Transformation gilt

$$\sigma_{(w)} = \frac{1}{2}\left[\lg x_{0,841} - \lg x_{0,159}\right] \approx \frac{1}{2}\left[\lg 8,0 - \lg 3,2\right]$$

$$\approx 0,2$$

Die Varianz $V\{X\}$ muß man über die vorgegebene Formel errechnen.

Man beachte, daß

$$\sigma_{(x)} \neq 10^{\sigma(w)} \quad \text{und auch} \quad \sigma_{(x)}^{2} \neq 10^{\sigma^{2}(w)}$$

<u>Beispiel:</u> Man berechne die oberen und unteren Schwellenwerte x_O, x_U eines Merkmales, welches nach einer logarithmischen Normalverteilung NV (w; 0,7; 0,04) verteilt ist, für $\check{S} = 1 - \alpha = 0,90$; $\hat{a} = 0$; $\hat{b} = 1$

Es gilt

$$w_O = \mu_{(w)} + u_{1-\alpha/2}\ \sigma_{(w)}$$

$$w_U = \mu_{(w)} + u_{\alpha/2}\ \sigma_{(w)}$$

mit den interpolierten Werden aus Tab. 11

$$u_{1-\frac{\alpha}{2}} = u_{0,95} = 1,65\ ; \quad u_{\alpha/2} = u_{0,05} = -1,65$$

und der Rücktransformation $x = \hat{a} + \hat{b} \cdot 10^{w}$

$$x_O = \hat{a} + \hat{b} \cdot 10^{\mu(w) + u_{1-\alpha/2}\sigma(w)}$$

$$= 0 + 1 \cdot 10^{0,7+1,65 \cdot 0,2} \approx 10,7$$

$$x_U = \tilde{a} + \tilde{b}\ 10^{\mu(w) \cdot u_{\alpha/2} \cdot \sigma(w)}$$

$$= 0 + 1 \cdot 10^{0,7-1,65 \cdot 0,2} \approx 2,34$$

Die gleichen Werte hätte man aus den Diagrammen 21c oder 21d abgelesen für
$x_{0,95} = x_O \approx 10,7$ und $x_{0,05} = x_U \approx 2,35$.

Man beachte, daß die Werte x_O, x_U nicht mehr symmetrisch zu $\mu_{(x)}$, x_{max} oder x_{50} liegen.

3.6.2.3 χ^2-Verteilung

Im Zusammenhang mit der Verteilung von Quadratsummen von Elementen, die normalverteilt sind, wurde von Helmert und Pearson die χ^2-Verteilung (Chi-Quadrat-Verteilung) definiert. Es seien $X_1, X_2, \ldots X$ Zufallsgrößen, die untereinander unabhängig sind, aber alle einer Grundgesamtheit NV $(\mu; \sigma^2)$ entstammen.

Die Verteilung der Quadratsummen der standardisierten Variablen u_i

$$\chi^2_\nu = \sum_{i=1}^{\nu} u_i^2 = \frac{1}{\sigma^2} \sum_{i=1}^{\nu} (x_i - \mu)^2$$

mit $0 < \chi^2_\nu < \infty$

wird χ^2-Verteilung mit ν Freiheitsgraden genannt, wobei die x_i-Werte der Zufallsgröße X_i sind.

Die Dichtefunktion der χ^2-Verteilung für den Freiheitsgrad ν ist definiert als

$$\varphi_\nu(\chi^2) = C(\nu)\,(\chi^2)^{\frac{\nu-2}{2}}\, e^{-\frac{\chi^2}{2}}$$

wobei $C(\nu)$ eine vom Freiheitsgrad ν abhängige Größe zur Normierung ist

$$C(\nu) = \frac{1}{2^{\nu/2} \cdot \Gamma\left(\frac{\nu}{2}\right)}$$

und Γ die Gammafunktion bedeutet.
(Definition siehe Kap. 3.6.2.4)
Die χ^2-Verteilung ist eine stetige, unsymmetrische Verteilung, die mit wachsendem ν gegen die Normalverteilung konvergiert. Sie ist nur für positive Werte von χ^2 erklärt. Sie verbreitert sich mit zunehmenden Werten von ν.

Ihr Mittelwert und ihre Varianz sind

$$M\{\chi^2\} = m_1(0) = \mu = \int_0^\infty (\chi^2 - 0)\, \varphi(\chi^2)\, d\chi^2 = \nu$$

$$V\{\chi^2\} = m_2(\mu) = \sigma^2 = \int_0^\infty (\chi^2 - \nu)^2 \cdot \varphi(\chi^2)\, d\chi^2 = 2\nu$$

Die Abb. 22 zeigt einige χ^2-Verteilungen für verschiedene Werte von ν.

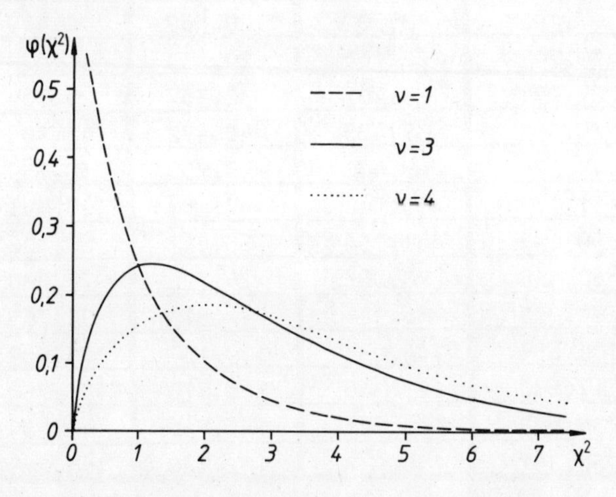

Abb. 22: Dichteverteilung $\varphi_\nu(\chi^2)$

ν \ ø	0,005	0,010	0,0250	0,050
1	0,0000393	0,000157	0,000982	0,00393
2	0,0100	0,0201	0,0506	0,103
3	0,0717	0,115	0,216	0,352
4	0,207	0,297	0,484	0,711
5	0,412	0,554	0,831	1,145
6	0,676	0,872	1,237	1,635
7	0,989	1,239	1,690	2,167
8	1,344	1,646	2,180	2,733
9	1,735	2,088	2,700	3,325
10	2,156	2,558	3,247	3,940
11	2,603	3,053	3,816	4,575
12	3,074	3,571	4,404	5,226
13	3,565	4,107	5,009	5,892
14	4,075	4,660	5,629	6,571
15	4,601	5,229	6,262	7,261
20	7,434	8,260	9,591	10,851
25	10,520	11,524	13,120	14,611
30	13,787	14,953	16,791	18,493
35	17,192	18,509	20,569	22,465
40	20,707	22,164	24,433	26,509
50	27,991	29,707	32,357	24,764
60	35,535	37,485	40,482	43,188
70	43,275	45,442	48,758	51,739
80	51,172	53,540	57,153	60,391
90	59,196	61,754	65,647	69,126
100	67,328	70,065	74,222	77,930
120	83,852	86,924	91,573	95,705
140	100,655	104,035	109,137	113,659
160	117,680	121,346	126,870	131,756
180	134,885	138,821	144,741	149,969
200	152,241	156,432	162,728	168,279

Tab. 16: Summenverteilung der χ^2-Verteilung

0,10	0,20	0,30	0,40	ø / ν
0,0158	0,0642	0,148	0,275	1
0,211	0,446	0,713	1,022	2
0,584	1,005	1,424	1,869	3
1,064	1,649	2,195	2,753	4
1,610	2,343	3,000	3,655	5
2,204	3,070	3,828	4,570	6
2,833	3,822	4,671	5,493	7
3,490	4,594	5,527	6,423	8
4,168	5,380	6,393	7,357	9
4,865	6,179	7,267	8,295	10
5,578	6,989	8,148	9,237	11
6,304	7,807	9,034	10,182	12
7,042	8,634	9,926	11,129	13
7,790	9,467	10,821	12,079	14
8,547	10,307	11,721	13,030	15
12,443	14,578	16,266	17,809	20
16,473	18,940	20,867	22,616	25
20,599	23,364	25,508	27,442	30
24,797	27,836	30,178	32,282	35
29,051	32,345	34,872	37,134	40
37,689	41,449	44,313	46,864	50
46,459	50,641	53,809	56,620	60
55,329	59,898	63,346	66,396	70
64,278	69,207	72,915	76,188	80
73,291	78,558	82,511	85,993	90
82,358	87,945	92,129	95,808	100
100,624	106,806	111,419	115,465	120
119,029	125,758	130,766	135,149	140
137,546	144,783	150,158	154,856	160
156,153	163,868	169,588	174,580	180
174,835	183,003	189,049	194,319	200

ν \ φ	0,50	0,60	0,70	0,80
1	0,455	0,708	1,074	1,642
2	1,386	1,833	2,408	3,219
3	2,366	2,946	3,665	4,642
4	3,357	4,045	4,878	5,989
5	4,351	5,132	6,064	7,289
6	5,348	6,211	7,231	8,558
7	6,346	7,283	8,383	9,803
8	7,344	8,351	9,524	11,030
9	8,343	9,414	10,656	12,242
10	9,342	10,473	11,781	13,442
11	10,341	11,530	12,899	14,631
12	11,340	12,584	14,011	15,812
13	12,340	13,636	15,119	16,985
14	13,339	14,685	16,222	18,151
15	14,339	15,733	17,322	19,311
20	19,337	20,951	22,775	25,038
25	24,337	26,143	28,172	30,675
30	29,336	31,316	33,530	36,250
35	34,336	36,475	38,859	41,778
40	39,335	41,622	44,165	47,269
50	49,335	51,892	54,723	58,164
60	59,335	62,135	65,226	68,972
70	69,334	72,358	75,689	79,715
80	79,334	82,566	86,120	90,405
90	89,334	92,761	96,524	101,054
100	99,334	102,946	106,906	111,667
120	119,334	123,289	127,616	132,806
140	139,334	143,604	148,269	153,854
160	159,334	163,898	168,876	174,828
180	179,334	184,173	189,446	195,743
200	199,334	204,434	209,985	216,609

Tab. 16: Fortsetzung: Summenverteilung der χ^2-Verteilung

0,90	0,950	0,9750	0,990	0,995	ϕ / ν
2,706	3,841	5,024	6,635	7,879	1
4,605	5,991	7,378	9,210	10,597	2
6,251	7,815	9,348	11,345	12,838	3
7,779	9,488	11,143	13,277	14,860	4
9,236	11,070	12,832	15,086	16,750	5
10,645	12,592	14,449	16,812	18,548	6
12,017	14,067	16,013	18,475	20,278	7
13,362	15,507	17,535	20,090	21,955	8
14,684	16,919	19,023	21,666	23,589	9
15,987	18,307	20,483	23,209	25,188	10
17,275	19,675	21,920	24,725	26,757	11
18,549	21,026	23,336	26,217	28,300	12
19,812	22,362	24,736	27,688	29,819	13
21,064	23,685	26,119	29,141	31,319	14
22,307	24,996	27,488	30,578	32,801	15
28,412	31,410	34,170	37,566	39,997	20
34,382	37,652	40,646	44,314	46,928	25
40,256	43,773	46,979	50,892	53,672	30
46,059	49,802	53,203	57,342	60,275	35
51,805	55,758	59,342	63,691	66,766	40
63,167	67,505	71,420	76,154	79,490	50
74,397	79,082	83,298	88,379	91,952	60
85,527	90,531	95,023	100,425	104,215	70
96,578	101,879	106,629	112,329	116,321	80
107,565	113,145	118,136	124,116	128,299	90
118,498	124,342	129,561	135,806	140,169	100
140,233	146,567	152,211	158,950	163,648	120
161,827	168,613	174,648	181,840	186,846	140
183,311	190,516	196,915	204,530	209,824	160
204,704	212,304	212,044	227,056	232,620	180
226,021	233,994	241,058	249,445	255,264	200

Die Summenverteilung

$$\emptyset_{\nu}(\chi_1^2) = \int_0^{\chi_1^2} \varphi_{\nu}(\chi^2) d\chi^2$$

findet man wieder über eine recht aufwendige numerische Integration.

Aus der Tabelle 16 können abhängig vom Freiheitsgrad ν und der Summenwahrscheinlichkeit $\emptyset$ die zugehörigen Werte χ^2 entnommen werden.

<u>Beispiel:</u> Gesucht wird die untere Schwelle zur statistischen Sicherheit S = 0,95 mit ν = 10 bei einseitiger Abgrenzung.

Untere Schwelle χ_u^2 bei einseitigen Abgrenzungen zur statistischen Sicherheit $S = 1 - \alpha$ ergibt sich zu

$$\int_0^{\chi_u^2} \varphi_{\nu}(\chi^2)\, d\chi^2 = \alpha;$$

Abkürzend schreibt man auch

$$\chi_U^2 = \chi^2_{\alpha;\nu}$$

Man entnimmt der Tabelle 16 den Wert

$$\chi^2_{0,05;\,10} = 3,940$$

<u>Beispiel:</u> Gesucht wird die obere Schwelle zur statistischen Sicherheit S = 0,95 mit

$\nu = 10$ bei einseitiger Abgrenzung.

Die obere Schwelle χ_0^2 bei einseitiger Abgrenzung zur statistischen Sicherheit $S = 1 - \alpha$ berechnet man

$$\int_0^{\chi_0^2} \varphi_\nu(\chi^2)\, d\chi^2 = 1 - \alpha$$

Als Abkürzung schreibt man auch

$$\chi_0^2 = \chi^2_{1-\alpha;\,\nu}$$

Man entnimmt der Tabelle den Wert

$$\chi^2_{0,95;\,10} = 18{,}307$$

<u>Beispiel:</u> Gesucht sind die obere und die untere Schwelle zur statistischen Sicherheit $\check{S} = 0{,}95$ mit $\nu = 10$ bei zweiseitiger Abgrenzung.

Man entnimmt der Tabelle 16

$$\chi^2_{\frac{\alpha}{2};\,10} = \chi^2_{0,025;\,10} = 3{,}247 = \chi_U$$

$$\chi^2_{1-\frac{\alpha}{2};\,10} = \chi^2_{0,975;\,10} = 20{,}483 = \chi_0$$

Für $\nu \gg 1$ nähert sich die Verteilung einer Gaußschen Normalverteilung an. Es gilt

$$\lim_{\nu \to \infty} \varphi_\nu(\chi^2) = NV(\chi^2; \nu; 2\nu)$$

Schon bereits ab $\nu = 30$ unterscheidet sich die Normalverteilung wenig von der χ^2-Verteilung, ab $\nu = 100$ sind die Verteilung praktisch gleich.

Beispiel: Gesucht sind die obere und die untere Schwelle zur statistischen Sicherheit $\check{S} = 0{,}95$ mit a) $\nu = 100$; b) $\nu = 200$ bei zweiseitiger Abgrenzung mit den exakten Werten der χ^2-Verteilung bzw. näherungsweise mit der Normalverteilung.

Für die Näherungsrechnung gilt

$$\chi^2_O = \nu + u_{1-\alpha/2} \cdot \sqrt{2\nu} \text{ mit } u_{0,975} = 1{,}96$$

$$\chi^2_U = \nu + u_{\alpha/2} \cdot \sqrt{2\nu} \text{ mit } u_{0,025} = -1{,}96$$

ν	χ^2-Vert. χ^2_O	NV χ^2_O	Relativer Fehler	χ^2-Vert. χ^2_U	NV χ^2_U	Relativer Fehler
50	71,4	≈69,6	0,026	32,4	≈30,4	0,066
100	129,6	≈127,7	0,015	74,2	≈72,3	0,026
200	241,1	≈239,2	0,008	162,7	≈160,8	0,012

Tab. 17: Vergleich der Schwellenwerte bei Verwendung der χ^2-Verteilung und der Normalverteilung

Der Tabelle 17 kann man entnehmen, daß die Schwellenwerte für $\nu \geqq 100$ bis auf etwa 3 % durch die Gaußverteilung angenähert werden.

In Analogie zu dem Additionstheorem bei der Normalverteilung wird auch bei der χ^2-Verteilung ein Additionstheorem formuliert. Es gilt

$$\chi^2_\nu = \sum_{i=1}^{\nu} u_i^{\,2}$$

$$= \underbrace{u_1^{\,2} + u_2^{\,2}}_{\chi^2_{\nu 1}} + \underbrace{u_3^{\,2} + u_4^{\,2} + u_5^{\,2} + u_6^{\,2} + u_7^{\,2}}_{\chi^2_{\nu 2}} + \ldots + u_\nu^{\,2}$$

wobei die u_i stochastisch unabhängig voneinander sind. Man kann jetzt die einzelnen Summanden zu mehreren Teilsummen mit eventuell unterschiedlich vielen Elementen ν_j zusammenfassen. Im Beispiel sind

$\nu_1 = 2;\ \nu_2 = 5$, wobei

$$\nu = \nu_1 + \nu_2 + \ldots + \nu_j + \ldots + \nu_k$$

Die einzelnen Teilsummen sind aber nach der Definition gerade wieder $\chi_{\nu_j}^{\,2}$, so daß gilt

$$\chi^2_\nu = \chi^2_{\nu 1} + \chi^2_{\nu 2} + \ldots + \chi^2_{\nu j} + \ldots + \chi^2_{\nu k}$$

wobei jedes $\chi^2_{\nu j}$ für sich einer χ^2-Verteilung mit dem zugehörigen Freiheitsgrad ν_j gehorcht.

Damit ist gezeigt, daß eine Summe aus k Größen, von denen jede für sich χ^2-verteilt ist mit dem zugehörigen Freiheitsgrad v_j, auch χ^2-verteilt ist mit

$$\nu = \sum_{j=1}^{k} \nu_j$$

Die χ^2-Verteilung wurde im vorangehenden so ausführlich dargestellt, weil mit ihr die Verteilungsfunktion für die Varianz gefunden wird.

Die Varianz einer Grundgesamtheit mit dem Mittelwert μ und N Elementen war definiert worden als

$$\sigma^2 = \frac{1}{N} \sum_{i=1}^{N} (x_i - \mu)^2$$

wobei die x_i die Einzelwerte der Grundgesamtheit ($P(x_i) = 1/N$),

$$\mu = \frac{1}{N} \sum_{i=1}^{N} x_i$$

der arithmetische Mittelwert bedeuten.

Zieht man nun aus dieser Grundgesamtheit eine Stichprobe vom Umfang n, so erhält man die Elemente $x_1, x_2 \ldots x_n$. Unter der Voraussetzung, daß der Mittelwert μ bekannt ist, wird die Varianz analog definiert wie im Fall der Grundgesamtheit.

Bei bekanntem Mittelwert μ der Grundgesamtheit gilt für die Varianz der Stichprobe

$$\check{s}^2 = \frac{1}{n} \sum_{i=1}^{n} (x_i - \mu)^2$$

$$= \frac{1}{n} \cdot \sigma^2 \sum_{i=1}^{n} \left(\frac{x_i - \mu}{\sigma}\right)^2 =$$

$$= \frac{1}{n} \cdot \sigma^2 \cdot \sum_{i=1}^{n} u_i^2$$

$$= \frac{1}{n} \sigma^2 \cdot \chi_n^2$$

Bei bekanntem Mittelwert μ der Grundgesamtheit ist die Verteilung der für mehrere Stichproben berechneten Varianzen verteilt nach $\varphi(\sigma^2 \cdot \chi^2_n/n)$. Sie besitzen den Mittelwert

$$M\{\check{s}\} = \mu_{(\check{s})} = \frac{\sigma^2}{n} \cdot n = \sigma^2$$

und die Varianz

$$V\{\check{s}\} = \sigma_{(\check{s})}^2 = 2\,\sigma^2$$

Man kann mit dieser Verteilung wieder die Schwellenwerte von s^2 berechnen.

Für die Praxis ist aber der nächste Fall von besonderer Bedeutung: Gesucht wird ein Schätzwert für die Varianz und die Verteilung dieses Schätzwertes, wenn der Mittelwert der Grundgesamtheit unbekannt ist und nur durch den Mittelwert $\bar{x}$ der Stichprobe abgeschätzt werden kann.

Ausgehend von

$$\sum_{i=1}^{n} (x_i - \mu)^2 = \sum_{i=1}^{n} \left[(x_i - \bar{x}) + (\bar{x} - \mu) \right]^2$$

$$= \sum_{i=1}^{n} (x_i - \bar{x})^2 + 2 \sum_{i=1}^{n} (x_i - \bar{x})(\bar{x} - \mu) +$$

$$+ \sum_{i=1}^{n} (\bar{x} - \mu)^2$$

erhält man wegen der Definition von

$$\bar{x} = \frac{1}{n} \sum_{i=1}^{n} x_i$$

$$(\bar{x} - \mu) \left[\left(\sum_{i=1}^{n} x_i \right) - n\,\bar{x} \right] = 0$$

$$\chi^2_n = \sum_{i=1}^{n} u_i^{\,2} = \frac{1}{\sigma^2} \sum_{i=1}^{n} (x_i - \mu)^2$$

$$= \sum_{i=1}^{n} \left(\frac{x_i - \bar{x}}{\sigma} \right)^2 + \sum_{i=1}^{n} \left(\frac{x - \mu}{\sigma} \right)^2$$

$$\chi_n^2 = \sum_{i=1}^{n} \left(\frac{x_i - \bar{x}}{\sigma}\right)^2 + n\left(\frac{\bar{x} - \mu}{\sigma}\right)^2$$

$$= \sum_{i=1}^{n} \left(\frac{x_i - \bar{x}}{\sigma}\right)^2 + \left(\frac{\bar{x} - \mu}{\sigma/\sqrt{n}}\right)^2$$

Bestimmt man aus mehreren Stichproben vom Umfang n die Verteilung der $\sum u_i^2$, so findet man nach Definition eine χ^2-Verteilung vom Freiheitsgrade n. Damit muß die Verteilung der Summe der Terme der rechten Seite auch einer χ^2-Verteilung vom Freiheitsgrade n gehorchen.

Untersucht man nun von den Summanden der rechten Seite zuerst den zweiten, so ist im Kapitel 3.6.2.1.1 über den zentralen Grenzwertsatz erläutert, daß die aus mehreren Stichproben ermittelten Werte $\bar{x}_j$ normalverteilt sind oder daß die Verteilung bei hinreichend großem Stichprobenumfang gut durch eine Normalverteilung angenähert werden kann.

$$\varphi(\bar{x}) = NV(\bar{x}; \mu; \sigma^2/n)$$

Wenn $\bar{x}$ aber normalverteilt ist, dann muß auch die standardisierte Variable

$$\bar{u} = \frac{\bar{x} - \mu}{\sigma/\sqrt{n}}$$

normalverteilt sein.

$$\varphi(\bar{u}) = NV\left(\frac{\bar{x} - \mu}{\sigma / \sqrt{n}} ; 0; 1\right)$$

Weil $\bar{u}$ normalverteilt ist, muß $\bar{u}^2$ nach der Definition einer χ^2-Verteilung folgen. Da diese aber nur einen Summanden besitzt, ist ihr Freiheitsgrad 1.

Dann muß aber auch der zweite Term der Ausgangsgleichung einer χ^2-Verteilung gehorchen. Der Freiheitsgrad muß wegen des Additionssatzes $\nu = n - 1$ sein.

$$\varphi = \varphi\left(\sum_{i=1}^{n} \left[\frac{x_i - \bar{x}}{\sigma}\right]^2 \right)$$

Der Mittelwert und die Varianz dieser Verteilung sind

$$M\left\{ \sum_{i=1}^{n} \left(\frac{x_i - \bar{x}}{\sigma}\right)^2 \right\} = n - 1$$

$$V\left\{ \sum_{i=1}^{n} \left(\frac{x_i - \bar{x}}{\sigma}\right)^2 \right\} = 2\ (n - 1)$$

Multipliziert man alle Elemente der Stichprobe mit σ^2, so erhält man eine neue Verteilung

$$\varphi\left(\sum_{i=1}^{n} (x_i - \bar{x})^2 \right) = \sigma^2 \varphi(\chi^2_{n-1})$$

$$= \varphi(\sigma^2 \cdot \chi^2_{n-1})$$

mit den Kennwerten nach dem Multiplikationstheorem

$$M\left\{\sum_{i=1}^{n} (x_i - \bar{x})^2\right\} = \sigma^2 (n - 1)$$

$$V\left\{\sum_{i=1}^{n} (x_i - \bar{x})^2\right\} = \sigma^4 \, 2 \, (n - 1)$$

Da man zur Berechnung des Schätzwertes der Varianz s^2 der Grundgesamtheit aus den Werten x_i der Stichprobe eine Verteilung sucht, deren Mittelwert σ^2 ist, dividiert man alle Elemente durch (n - 1) und erhält eine neue Verteilung

$$\varphi(s^2) = \varphi\left(\frac{1}{n-1} \sum_{i=1}^{n} (x_i - \bar{x})^2\right) = \frac{1}{n-1} \sigma^2 \varphi(\chi^2_{n-1})$$

$$= \varphi\left(\frac{\sigma^2 \chi^2_{n-1}}{n - 1}\right)$$

Der Mittelwert dieser Verteilung ergibt sich zu

$$M\left\{s^2\right\} = M\left\{\frac{1}{n-1} \sum_{i=1}^{n} (x_i - \bar{x})^2\right\}$$

$$= \frac{\sigma^2}{n - 1} (n - 1) = \sigma^2$$

Die Varianz dieser Verteilung ist

$$V\left\{s^2\right\} = \frac{1}{(n-1)^2} \cdot \sigma^4 \cdot 2(n-1) = \frac{2\,\sigma^4}{n-1}$$

Die aus Stichproben bei unbekannten Mittelwerten μ ermittelte Varianz s^2 ist χ^2-verteilt. Für große Werte von n ($n > 100$) wird diese Verteilung für praktische Zwecke wieder durch eine Normalverteilung approximiert.

$$\lim_{n \to \infty} \varphi(s^2) = NV(s^2; \sigma^2; \frac{2\sigma^4}{n-1})$$

In den obigen Gleichungen wurde

$$s^2 = \frac{1}{n-1} \sum_{i=1}^{n} (x_i - \bar{x})^2 = \frac{\sigma^2 \chi^2_{n-1}}{n-1}$$

als Abkürzung verwendet. Mit dieser Gleichung wird oft in der Literatur auch χ^2 mit dem Freiheitsgrad $\nu = n - 1$ definiert.

$$\chi^2_\nu = (n-1)\frac{s^2}{\sigma^2}$$

Analog zu dem Vorgehen für das Aufsuchen einer Gleichung für den Schätzwert des Mittelwertes der Grundgesamtheit aus einer Stichprobe bildet

$$s^2 = \frac{1}{n-1} \sum_{i=1}^{n} (x_i - \bar{x})^2$$

einen Schätzwert für σ^2 bei unbekanntem Mittelwert der Grundgesamtheit, wobei die

x_i Meßwerte einer Stichprobe sind und
$\bar{x} = (\sum x_i/n)$ ein Schätzwert für μ ist. Man
nennt s^2 auch die empirische Varianz.

Die Zufallsstreubereiche von s^2 und Vertrauensbereiche von σ^2 können jetzt mit der
χ^2-Verteilung berechnet werden.

Zufallsstreubereich von s^2 bei einseitiger
Abgrenzung ($\nu = n - 1$)

$$s_U^2 = \frac{1}{n-1} \cdot \sigma^2 \cdot \chi^2_{\alpha\,;\,\nu}$$

$$s_O^2 = \frac{1}{n-1} \cdot \sigma^2 \cdot \chi^2_{1-\alpha;\,\nu}$$

Zufallsstreubereich von s^2 bei zweiseitiger
Abgrenzung

$$s_U^2 \leq s^2 \leq s_O^2$$

$$\frac{1}{n-1}\,\sigma^2\,\chi^2_{1-\alpha/2;\nu} \leq s^2 \leq \frac{1}{n-1}\,\sigma^2 \quad {}^{2}_{1-\alpha/2;\,\nu}$$

Vertrauensbereich von σ^2 bei einseitiger Abgrenzung

$$\sigma_U^2 = \frac{(n-1)s^2}{\chi^2_{1-\alpha\,;\,\nu}}$$

$$\sigma_O^2 = \frac{n-1}{\chi^2_{\alpha\,;\,\nu}}$$

Vertrauensbereiche von σ^2 bei zweiseitiger-Abgrenzung

$$\frac{(n-1) \cdot s^2}{\chi^2_{1-\frac{\alpha}{2};\nu}} \leq \sigma^2 \leq \frac{(n-1)\ s^2}{\chi^2_{\frac{\alpha}{2};\nu}}$$

Beispiel: Aus einer Stichprobe vom Umfang n wird die empirische Varianz s^2 bei unbekanntem Mittelwert μ der Gesamtheit berechnet. Man berechne s_U^2, s_O^2, σ_O^2, σ_U^2, für $\check{S} = 0{,}95$ bei zweiseitiger Abgrenzung.

n	ν	s_U^2/σ^2	s_O^2/σ^2	σ_U^2/s^2	σ_O^2/s^2
4	3	0,072	3,116	0,321	13,889
5	4	0,121	2,786	0,359	8,264
10	9	0,300	2,114	0,473	3,333
15	14	0,402	1,866	0,534	2,488
20	≈20	0,480	1,709	0,585	2,083
50	≈50	0,647	1,428	0,700	1,546
100	≈100	0,742	1,296	0,772	1,348
200	≈200	0,814	1,205	0,830	1,229

Tab. 18: Zufallsstreubereich und Vertrauensbereich der Varianz in Abhängigkeit vom Stichprobenumfang

Am Beispiel von n = 5 wird gezeigt, wie die Werte der Tabelle 18 berechnet wurden

$n = 5; \quad \nu = 4; \quad \alpha/2 = 0{,}025$

$$s_U^2 = \frac{1}{5-1} \cdot \sigma^2 \cdot 0{,}484 = 0{,}121\,\sigma^2$$

$$\sigma_0^2 = \frac{1}{0{,}121}\, s^2 = 8{,}264\, s^2$$

$n = 5; \quad \nu = 4; \quad 1 - \alpha/2 = 0{,}975$

$$s_0^2 = \frac{1}{5-1} \cdot \sigma^2\; 11{,}143 = 2{,}786\,\sigma^2$$

$$\sigma_U = \frac{1}{2{,}786}\, s^2 = 0{,}359\, s^2$$

Die Bedeutung der Zahlen wird auch an diesem Rechenbeispiel erklärt.

Zieht man aus einer Grundgesamtheit Stichproben, so erhält man in $\alpha/2 = 0{,}025 \mathrel{\hat{=}}$ 2,5 % der Fälle Werte von s^2,die kleiner sind als $0{,}121\,\sigma^2$ und 2,5 % der Fälle Werte von s^2, die größer sind als $2{,}786\,\sigma^2$. Analog dazu gilt: Hat man einen Wert s^2 gemessen, dann kann dieser mit der zweiseitigen statistischen Sicherheit $\check{S} = 0{,}95$ aus einer Grundgesamtheit stammen, dessen Varianz zwischen

$$0{,}359\, s^2 \leq \sigma^2 \leq 8{,}264\, s^2$$

liegt. Nur in 2,5 % der Fälle wird das wirkliche σ^2 kleiner als $0{,}359\, s^2$ und in 2,5 % der Fälle wird das σ^2 größer als $8{,}264\, s^2$ sein.

Man erkennt aus den Zahlen den großen Streubereich der Varianzen. Die Abb. 23 veranschaulicht den für die Praxis wichtigsten Fall, daß man rechnerisch s^2 bestimmt und das Konfidenzintervall von σ^2 sucht.

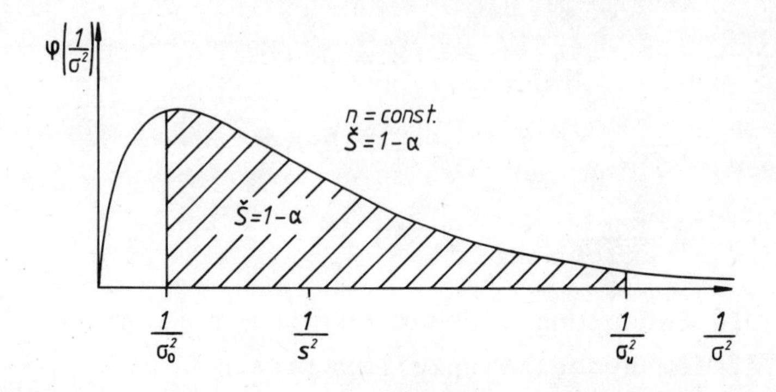

Abb. 23: Dichteverteilung als Funktion von $1/\sigma^2$ mit zweiseitigem Vertrauensintervall für $\check{S} = 1 - \alpha$

Verwendet man s als Schätzwert von σ, so können die Fehler Δs_O bzw. Δs_U auftreten

$$\Delta s_O = \sigma_O - s = s \left[\sqrt{\frac{n-1}{\chi^2_{\frac{\alpha}{2};\, n-1}}} - 1 \right]$$

$$\Delta s_U = s - \sigma_U = s \left[1 - \sqrt{\frac{n-1}{\chi^2_{1-\frac{\alpha}{2};\, n-1}}} \right]$$

Die relativen Unsicherheiten $\Delta s/s$ sind in der Abb. 24 dargestellt. Man erkennt, daß $\Delta s_0/s$ die größeren Werte annimmt. Deshalb schätzt man die Unsicherheit der Standardabweichung sicher durch $\Delta s_0/s$ ab. Die relativen Unsicherheiten von s erreichen große Werte. Ein Stichprobenumfang von 36 Meßwerten liefert eine relative Unsicherheit von 30 % bei einer zweiseitigen statistischen Sicherheit von $\check{S} = 0{,}95$. Diese Unsicherheit erhält man bei $\check{S} = 0{,}999$ erst bei 110 Werten und bei $\check{S} = 0{,}60$ bereits bei 10 Meßwerten.

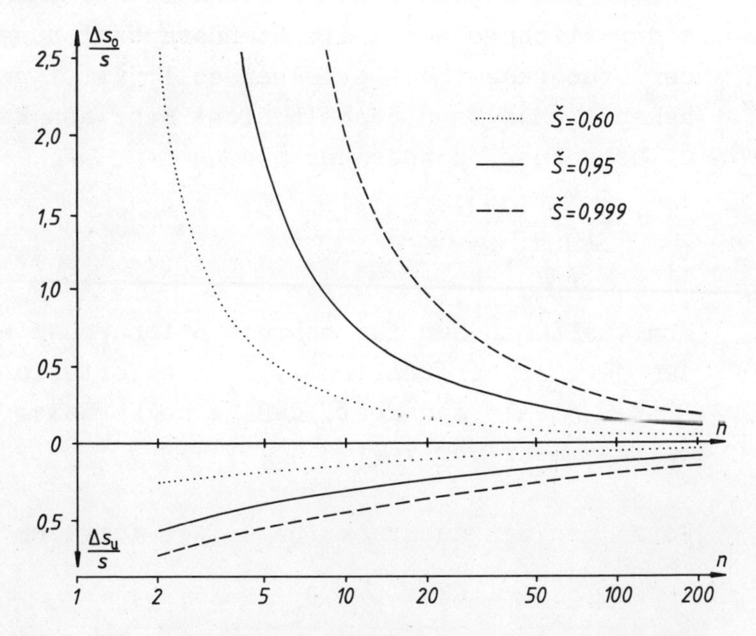

Abb. 24: Relative Unsicherheit der Standardabweichung als Funktion des Probenumfanges für verschiedene statistische Sicherheiten $\check{S}$.

3.6.2.4 t-Verteilung

Im Kapitel 3.6.2.3 wurde unter sehr allgemeinen Bedingungen gefunden, daß die standardisierten Größen

$$\bar{u}_i = \frac{\bar{x}_i - \mu}{\sigma / \sqrt{n}}$$

normalverteilt mit NV ($\bar{u}$; μ; σ^2/n) sind. Vorausgesetzt wird hierbei, daß die Standardabweichung der Grundgesamtheit bekannt ist. In den meisten praktischen Fällen, bei denen ja gerade ein Schluß von der Standardabweichung s der Stichprobe auf die Standardabweichung σ der Grundgesamtheit erfolgen soll, ist σ unbekannt. Man kann deshalb nicht mehr den Wert $\bar{u}_i$ berechnen, sonder nur noch

$$t_i = \frac{\bar{x}_i - \mu}{s_i / \sqrt{n}}$$

Ermittelt man nun für mehrere Stichproben aus den jeweils berechneten $\bar{x}_i, s_i$ die Verteilung $\varphi(t)$, stellt man fest, daß keine Normalverteilung mehr vorliegt.

Formt man den Ausdruck für t_i wie folgt um

$$t_i = \frac{\bar{x}_i - \mu}{s_i / \sqrt{n}} = \frac{\bar{x}_i - \mu}{\frac{\sigma}{\sqrt{n}} \frac{s_i}{\sigma}} = \frac{\bar{x}_i - \mu}{\sigma / \sqrt{n}} \; \frac{1}{s_i / \sigma}$$

$$= \bar{u}_i \cdot \frac{1}{\sqrt{\chi_i^2 / (n-1)}} = \frac{\bar{u}_i}{\sqrt{\chi_i^2 / \nu}}$$

zeigt sich, daß $\varphi(t)$ abhängig ist von den Verteilungen von $\bar{u}$ und χ^2.

Es gilt

$$\varphi(t;\nu) = C(\nu)\left(1 + \frac{t^2}{\nu}\right)^{-(\nu+1)/2}$$

Die t-Verteilung ist eine stetige Funktion. Sie ist definiert für alle Werte $-\infty < t < \infty$. Sie ist wie die Normalverteilung symmetrisch und glockenförmig, hat aber kleinere Wahr-

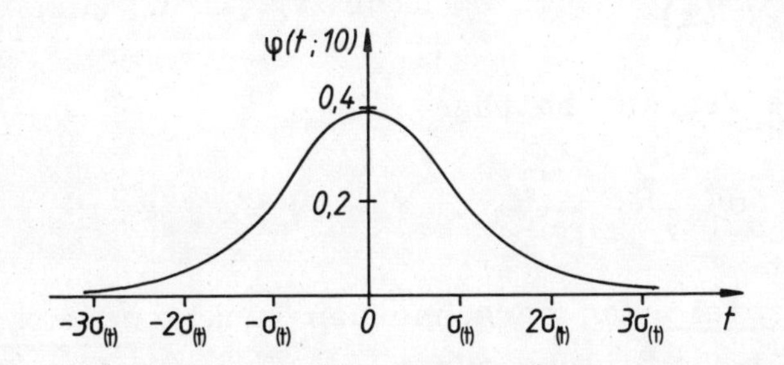

Abb. 25: Dichteverteilung $\varphi(t;\ 10)$

scheinlichkeitsdichten im Bereich $-\sigma < t < \sigma$ und größere Werte für $|t| > 3\sigma$ (Abb. 25) Diese Unterschiede werden aber mit steigenden Werten von ν immer kleiner. $C(\nu)$ ist der Normierungsfaktor, der dafür sorgt, daß

$$\int_{-\infty}^{\infty} \varphi(t;\nu)\, dt = 1$$

gilt.

$$C(\nu) = \frac{\Gamma\left(\frac{\nu+1}{2}\right)}{\Gamma\left(\frac{\nu}{2}\right) \cdot \sqrt{\nu\pi}}$$

wobei

$$\Gamma\left(\frac{x}{2}\right) = \begin{cases} \left(\frac{x}{2}-1\right)\cdot\left(\frac{x}{2}-2\right)\cdot\ldots 3\cdot 2\cdot 1 & \text{mit } x \text{ gerade Zahl} \\ \left(\frac{x}{2}-1\right)\left(\frac{x}{2}-2\right)\ldots\frac{3}{2}\cdot\frac{1}{2}\cdot\sqrt{\pi} & \text{mit } x \text{ ungerade Zahl} \end{cases}$$

Der Mittelwert der Verteilung ist

$$M\{t\} = \mu_{(t)} = 0 \qquad \text{für } \nu > 1$$

und die Varianz beträge

$$V\{t\} = \sigma_{(t)}^2 = \frac{\nu}{\nu-2} \qquad \text{für } \nu > 2$$

Beispiel: Man berechne den Funktionswert der t-Verteilung für $t_1 = \sigma_{(t)} = \sqrt{\nu/(\nu-2)}$ und $\nu = 10$.

Berechnung von $\sigma_{(t)}$

$$\sigma_{(t)} = \sqrt{\frac{10}{10-2}} = 1{,}118$$

Berechnung von C(10)

$$C(10) = \frac{\Gamma\left(\frac{11}{2}\right)}{\Gamma\left(\frac{10}{2}\right)\sqrt{10\cdot\pi}}$$

$$C(10) = \frac{(\frac{11}{2} - 1)(\frac{11}{2} - 2)(\frac{11}{2} - 3)(\frac{11}{2} - 4)(\frac{11}{2} - 5)}{(\frac{10}{2} - 1)(\frac{10}{2} - 2)(\frac{10}{2} - 3)(\frac{10}{2} - 4)}$$

$$= 0,389$$

$$\varphi(\sigma_{(t)};\ 10) = 0,389\ (1 + \frac{10}{8 \cdot 10})^{-11/2} = 0,2035$$

Die Summenverteilung erhält man wieder durch Integration der Dichteverteilung

$$\emptyset(t_i;\ \nu) = \int_{-\infty}^{t_i} \varphi\ (t;\ \nu)\ dt.$$

Der Tabelle 19 kann man zu vorgegebenen Wahrscheinlichkeiten $\emptyset$ in Abhängigkeit vom Freiheitsgrad ν die zugehörigen Werte t_i entnehmen. Wegen der Symmetrie der Verteilung sind nur Werte für $\emptyset > 0,5$ angegeben. Diese Werte entsprechen den oberen Schwellenwerten bei einseitiger Abgrenzung $t_{1-\alpha;\nu}$. Die unteren Schwellenwerte erhält man durch die Beziehung

$$t_{\alpha;\nu} = - t_{1-\alpha;\nu}$$

Geht man statt mit $(1 - \alpha)$ mit $1 - \alpha/2$ in die Zahlentafel ein, so erhält man die Schwellenwerte t_O, t_U bei zweiseitiger Abgrenzung zur statistischen Sicherheit $\check{S} = 1-\alpha$.

Wie man bei einem Vergleich der Werte der t-Verteilung aus Tab. 19 mit denen der

ν \ ϕ	0,55	0,60	0,65	0,70	0,75	0,80	0,85
1	0,158	0,325	0,510	0,727	1,000	1,376	1,963
2	0,142	0,289	0,445	0,617	0,817	1,061	1,386
3	0,137	0,277	0,423	0,584	0,765	0,978	1,250
4	0,134	0,271	0,413	0,569	0,741	0,941	1,190
5	0,132	0,267	0,408	0,559	0,727	0,920	1,156
6	0,131	0,265	0,404	0,553	0,718	0,906	1,134
7	0,130	0,263	0,402	0,549	0,711	0,896	1,119
8	0,130	0,262	0,400	0,546	0,706	0,889	1,108
9	0,129	0,261	0,398	0,543	0,703	0,883	1,100
10	0,129	0,260	0,397	0,542	0,700	0,879	1,093
11	0,129	0,260	0,396	0,540	0,698	0,876	1,088
15	0,128	0,258	0,393	0,536	0,691	0,866	1,074
20	0,127	0,257	0,391	0,553	0,687	0,860	1,064
30	0,127	0,256	0,389	0,530	0,683	0,854	1,055
40	0,127	0,255	0,388	0,529	0,681	0,851	1,050
50	0,126	0,255	0,388	0,528	0,679	0,849	1,047
100	0,126	0,254	0,386	0,526	0,677	0,845	1,042
200	0,126	0,254	0,386	0,525	0,676	0,842	1,039
∞	0,126	0,253	0,385	0,524	0,674	0,842	1,036

Tabelle 19 : Schwellenwerte der t-Verteilung

0,90	0,95	0,975	0,990	0,995	0,999	0,9995	∅ / ν
3,078	6,314	12,71	31,82	63,66	318,3	636,6	1
1,886	2,920	4,303	6,965	9,925	22,33	31,60	2
1,638	2,353	3,182	4,541	5,841	10,22	12,94	3
1,553	2,132	2,776	3,747	4,604	7,173	8,610	4
1,476	2,015	2,571	3,365	4,032	5,893	6,859	5
1,440	1,943	2,447	3,143	3,070	5,208	5,959	6
1,415	1,895	2,365	2,998	3,499	4,785	5,405	7
1,397	1,860	2,306	2,896	3,355	4,501	5,041	8
1,383	1,833	2,262	2,821	3,250	4,297	4,781	9
1,372	1,812	2,228	2,764	3,169	4,144	4,587	10
1,363	1,796	2,201	2,718	3,106	4,025	4,437	11
1,341	1,753	2,131	2,602	2,947	3,733	4,073	15
1,325	1,725	2,086	2,528	2,845	3,552	3,850	20
1,310	1,697	2,042	2,457	2,750	3,385	3,646	30
1,303	1,684	2,021	2,423	2,704	3,307	3,551	40
1,298	1,676	2,009	2,403	2,678	3,262	3,495	50
1,290	1,660	1,984	2,365	2,626	3,174	3,389	100
1,286	1,653	1,972	2,345	2,601	3,131	3,339	200
1,282	1,645	1,960	2,326	2,576	3,090	3,291	∞

Normalverteilung aus Tab. 11 erkennen kann, stimmen die Schwellenwerte für $\nu = \infty$ mit denen der Normalverteilung überein. Schon bei Zahlenwerten $\nu \geq 100$ ist eine für die Praxis ausreichende Übereinstimmung vorhanden.

Beispiel: Aus einer Stichprobe vom Umfang n berechnet man $\bar{x}$ und s. In welchem Bereich liegt bei zweiseitiger Abgrenzung mit der Wahrscheinlichkeit $\check{S}$ der wahre Mittelwert μ.

n	ν	$\check{S}$	μ_U	μ_O
4	3	0,95	$\bar{x}$ - 1,59 s	$\bar{x}$ + 1,59 s
6	5	0,95	$\bar{x}$ - 1,05 s	$\bar{x}$ + 1,05 s
11	10	0,95	$\bar{x}$ - 0,67 s	$\bar{x}$ + 0,67 s
100	100	0,95	$\bar{x}$ - 0,20 s	$\bar{x}$ + 0,20 s
4	3	0,99	$\bar{x}$ - 2,92 s	$\bar{x}$ + 2,92 s
6	5	0,99	$\bar{x}$ - 1,64 s	$\bar{x}$ + 1,64 s
11	10	0,99	$\bar{x}$ - 0,96 s	$\bar{x}$ + 0,96 s
100	100	0,99	$\bar{x}$ - 0,26 s	$\bar{x}$ + 0,26 s

Tab. 20: Zulässiger Bereich für μ für verschiedene Werte von ν und $\check{S}$.

In Tab. 20 sind für $\check{S}$ = 0,95, $\check{S}$ = 0,99 und verschiedene Werte von n die zulässigen Bereiche aufgeführt. Am Beispiel für n = 4; $\check{S}$ = 0,95 ist einmal die Berechnung exemplarisch durchgeführt.

Aus der Tabelle 19 entnimmt man

$$t_{0,975;3} = 3,182$$

Damit ist

$$\frac{\bar{x} - \mu_U}{s/\sqrt{4}} = 3,182$$

$$\mu_U = \bar{x} - \frac{3,182}{2} s = \bar{x} - 1,591 s$$

$$\mu_O = \qquad = \bar{x} + 1,591 s$$

3.6.2.5 F-Verteilung

Die F-Verteilung beschreibt den funktionalen Zusammenhang für das Verhältnis von 2 Varianzen s_1 und s_2, die man aus verschiedenen Stichproben vom Umfang n_1 bzw. n_2 aus ein und derselben Grundgesamtheit berechnet hat. Die Grundgesamtheit selbst muß normalverteilt sein und soll die Varianz σ^2 besitzen.

Dann gilt nach 3.6.2.3

$$s_1^2 = \sigma^2 \frac{\chi^2_{\nu 1}}{\nu_1} \text{ mit } \nu_1 = n_1 - 1$$

$$s_2^2 = \sigma^2 \frac{\chi^2_{\nu 1}}{\nu_2} \text{ mit } \nu_2 = n_2 - 1$$

Das Verhältnis der beiden Varianzen kürzt man zu Ehren des Entdeckers dieser Verteilung, R. A. Fisher, mit

$$F = \frac{s_1^2}{s_2^2} = \frac{\chi^2_{\nu 1}/\nu_1}{\chi^2_{\nu 2}/\nu_2} \quad \text{mit } s_1^2 \geqq s_2^2$$

ab. Eine Verwechselung mit der später einzuführenden, aus Stichproben bestimmten Summenverteilung F in Analogie zu Ø ist nicht zu erwarten.

Die Gleichung der Dichteverteilung lautet

$$\varphi(F; \nu_1; \nu_2) = C(\nu_1; \nu_2) \frac{F^{(\nu_1 - 2)/2}}{(\nu_2 + \nu_1 \cdot F)^{(\nu_1 + \nu_2)/2}}$$

In dieser Gleichung ist $C(\nu_1;\nu_2)$ der Normierungsfaktor. Seine Form ist recht kompliziert, kann aber bei Bedarf aus dem Quotienten der normierten χ^2-Verteilung ermittelt werden.

Die Verteilung $\varphi(F)$ ist eine stetige, im allgemeinen unsymmetrische Kurve. Sie ist definiert für $0 \leqq F < \infty$ und hat eine ähnliche Form wie die χ^2-Verteilung.

Die Parameter der F-Verteilung erhält man durch Berechnung der entsprechenden Momente zu

$$\mu_{(F)} = M\{F\} = \frac{\nu_2}{\nu_2 - 2} \text{ mit } \nu_2 > 2$$

und

$$\sigma^2_{(F)} = V\{F\} = \frac{2(\nu_1+\nu_2-2)}{\nu_1(\nu_2-4)} \left(\frac{\nu_2}{\nu_2-2}\right)^2 \text{mit } \nu_2 > 4$$

Für die folgenden Grenzfälle nähern sich die Zahlenwerte der Parameter asymptotisch den Grenzwerten

$$\lim_{\nu_2 \to \infty} M\{F\} = 1$$

$$\lim_{\nu_2 \to \infty} V\{F\} = \frac{2}{\nu_1}$$

$$\lim_{\nu_1 \to \infty} V\{F\} = \frac{2}{\nu_2-4} \left(\frac{\nu_2}{\nu_2-2}\right)^2$$

Die Summenverteilung erhält man durch Integration

$$\Phi(F_1; \nu_1; \nu_2) = \int_0^{F_1} \varphi(F; \nu_1; \nu_2)\, dF$$

Eine allgemeine Tabellierung ist wegen der beiden Freiheitsgrade recht aufwendig, deshalb werden Zahlentafeln nur für die wichtigsten statistischen Sicherheiten $\Phi(F_1; \nu_1; \nu_2) = S$ angegeben, damit man die zugehörigen Schwellenwerte entnehmen kann.

Der obere Schwellenwert F_O zur statistischen Sicherheit $S = 1 - \alpha$ berechnet man aus dem Integral

$$\int_0^{F_O} \varphi(F; \nu_1; \nu_2)\, dF = S = 1 - \alpha \; ; \; F_O = F_{1-\alpha}(\nu_1; \nu_2)$$

den entsprechenden unteren Schwellenwert F_U

$$\int_0^{F_U} \varphi(F; \nu_1; \nu_2)\, dF = \alpha \; ; \; F_U = F_{\alpha}(\nu_1; \nu_2)$$

Da man den unteren Schwellenwert auch aus der Beziehung

$$F_U = F_{\alpha}(\nu_1; \nu_2) = \frac{1}{F_{1-\alpha}(\nu_2; \nu_1)}$$

erhält, tabelliert man nur die oberen Schwellenwerte zu verschiedenen Wahrscheinlichkeiten S.

Bei zweiseitigen Abgrenzungen zur statistischen Sicherheit $\check{S} = 1 - \alpha$ mit symmetrischer Angrenzung errechnet man sich den oberen Schwellenwert F_O analog

$$\int_0^{F_O} \varphi(F;\nu_1;\nu_2)\,dF = 1 - \frac{\alpha}{2}\;;\; F_O = F_{1-\frac{\alpha}{2}}(\nu_1;\;\;)$$

und den unteren Schwellenwert F_U

$$F_U = F_{\alpha/2}(\nu_1;\nu_2) = \frac{1}{F_{1-\alpha/2(\nu_2;\,\nu_1)}}$$

In den Tabellen 21, 22, 23, 24 sind die zugehörigen Schwellenwerte für

$S = 0{,}95$ ($\check{S} = 0{,}90$)
$S = 0{,}975$ ($\check{S} = 0{,}95$)
$S = 0{,}99$ ($\check{S} = 0{,}98$)
$S = 0{,}995$ ($\check{S} = 0{,}99$)

tabelliert.

Beispiel: Aus einer Grundgesamtheit $NV(\mu;\,\sigma^2)$ zieht man zwei Stichproben vom Umfang $n_1 = 16$ bzw. $n_2 = 10$. Wie groß sind die Schwellenwerte für den Quotienten der Schätzwerte s_1^2/s_2^2 bei

a) einseitiger Abgrenzung zur statistischen Sicherheit $S = 0{,}95$.
b) zweiseitiger Abgrenzung zur statistischen Sicherheit $\check{S} = 0{,}90$, $\check{S} = 0{,}95$?

a) Oberer Schwellenwert zur statistischen Sicherheit $S = 0{,}95$ bei einseitiger Abgrenzung

$\nu_2 \backslash \nu_1$	1	2	3	4	5	6	7	8	9
1	161	200	216	225	230	234	237	239	241
2	18,5	19,0	19,2	19,2	19,3	19,3	19,4	19,4	19,4
3	10,1	9,55	9,28	9,12	9,01	9,84	8,89	8,85	8,81
4	7,71	6,94	6,59	6,39	6,26	6,16	6,09	6,04	6,00
5	6,61	5,79	5,41	5,19	5,05	4,95	4,88	4,82	4,77
6	5,99	5,14	4,76	4,53	4,39	4,28	4,21	4,15	4,10
7	5,59	4,74	4,35	4,12	3,97	3,87	3,79	3,73	3,68
8	5,32	4,46	4,07	3,84	3,69	3,58	3,50	3,44	3,39
9	5,12	4,26	3,86	3,63	3,48	3,37	3,29	3,23	3,18
10	4,96	4,10	3,71	3,48	3,33	3,22	3,14	3,07	3,02
12	4,75	3,89	3,49	3,26	3,11	3,00	2,91	2,85	2,80
15	4,54	3,68	3,29	3,06	2,90	2,79	2,71	2,64	2,59
20	4,35	3,49	3,10	2,87	2,71	2,60	2,51	2,45	2,39
30	4,17	3,32	2,92	2,69	2,53	2,42	2,33	2,27	2,21
50	4,03	3,18	2,79	2,56	2,40	2,29	2,20	2,13	2,07
100	3,94	3,09	2,70	2,46	2,31	2,19	2,10	2,03	1,97
500	3,86	3,01	2,62	2,39	2,23	2,12	2,03	1,96	1,90
∞	3,84	3,00	2,60	2,37	2,21	2,10	2,01	1,94	1,88
ν_2 / ν_1	1	2	3	4	5	6	7	8	9

Tabelle 21 : Obere Schwellenwerte der F-Verteilung für $(1 - \alpha) = 0,95$ einseitig oder $(1 - \alpha/2) = 0,95$ zweiseitig in Abhängigkeit von den Freiheitsgraden ν_1 und ν_2

10	12	15	20	30	50	100	500	∞	ν_1 / ν_2
242	244	246	248	250	252	253	254	254	1
19,4	19,4	19,4	19,4	19,5	19,5	19,5	19,5	19,5	2
8,79	8,74	8,70	8,66	8,62	8,58	8,55	8,53	8,53	3
5,96	5,91	5,86	5,80	5,75	5,70	5,66	5,64	5,63	4
4,74	4,68	4,62	4,56	4,50	4,44	4,41	4,37	4,37	5
4,06	4,00	3,94	3,87	3,81	3,75	3,71	3,68	3,67	6
3,64	3,57	3,51	3,44	3,38	3,32	3,27	3,24	3,23	7
3,35	3,28	3,22	3,15	3,08	3,02	2,97	2,94	2,93	8
3,14	3,07	3,01	2,94	2,86	2,80	2,76	2,72	2,71	9
2,98	2,91	2,85	2,77	2,70	2,64	2,59	2,55	2,54	10
2,75	2,69	2,62	2,54	2,47	2,40	2,35	2,31	2,30	12
2,54	2,48	2,40	2,33	2,25	2,18	2,12	2,08	2,07	15
2,35	2,28	2,20	2,12	2,04	1,97	1,91	1,86	1,84	20
2,16	2,09	2,01	1,93	1,84	1,76	1,70	1,64	1,62	30
2,03	1,95	1,87	1,78	1,69	1,60	1,52	1,46	1,44	50
1,93	1,85	1,77	1,68	1,57	1,48	1,39	1,31	1,28	100
1,85	1,76	1,69	1,59	1,48	1,38	1,28	1,16	1,11	500
1,83	1,75	1,67	1,57	1,46	1,35	1,24	1,11	1,00	∞
10	12	15	20	30	50	100	500	∞	ν_1 / ν_2

$F_{0,95}$ (8; 100) = 2,03;

$$F_{0,05}(\nu_1; \nu_2) = \frac{1}{F_{0,95}(\nu_2; \nu_1)}$$

$$F_{0,05}(8; 100) = \frac{1}{F_{0,95}(100; 8)} = \frac{1}{2,97} = 0,337$$

ν_2 \ ν_1	1	2	3	4	5	6	7	8	9
1	648	800	864	900	922	937	948	957	963
2	38,5	39,0	39,2	39,2	39,3	39,3	39,4	39,4	39,4
3	17,4	16,0	15,4	15,1	14,9	14,7	14,6	14,5	14,5
4	12,2	10,6	9,98	9,60	9,36	9,20	9,07	8,98	8,90
5	10,0	8,43	7,76	7,39	7,15	6,98	6,85	6,76	6,68
6	8,81	7,26	6,60	6,23	5,99	5,82	5,70	5,60	5,52
7	8,07	6,54	5,89	5,52	5,29	5,12	4,99	4,90	4,82
8	7,57	6,06	5,42	5,05	4,82	4,65	4,53	4,43	4,36
9	7,21	5,71	5,08	4,72	4,48	4,32	4,20	4,10	4,03
10	6,94	5,46	4,83	4,47	4,24	4,07	3,95	3,85	3,78
12	6,55	5,10	4,47	4,12	3,89	3,73	3,61	3,51	3,44
15	6,20	4,76	4,15	3,80	3,58	3,41	3,29	3,29	3,12
20	5,87	4,46	3,86	3,51	3,29	3,13	3,01	2,91	2,84
30	5,57	4,18	3,59	3,25	3,03	2,87	2,75	2,65	2,57
50	5,34	3,98	3,39	3,06	2,83	2,67	2,55	2,46	2,38
100	5,18	3,83	3,25	2,92	2,70	2,54	2,42	2,32	2,24
500	5,05	3,72	3,14	2,81	2,59	2,43	2,31	2,22	2,14
∞	5,05	3,69	3,12	2,79	2,57	2,41	2,29	2,19	2,11
ν_2 / ν_1	1	2	3	4	5	6	7	8	9

Tabelle 22: Obere Schwellenwerte der F-Verteilung für $(1 - \alpha) = 0,975$ einseitig oder $(1 - \alpha/2) = 0,975$ zweiseitig in Abhängigkeit von den Freiheitsgraden ν_1 und ν_2

10	12	15	20	30	50	100	500	∞	ν_1 / ν_2
969	977	985	993	1001	1008	1013	1017	1018	1
39,4	39,4	39,4	39,4	39,5	39,5	39,5	39,5	39,5	2
14,4	14,3	14,3	14,2	14,1	14,0	14,0	13,9	13,9	3
8,84	8,75	8,66	8,56	8,46	8,38	8,32	8,27	8,26	4
6,62	6,52	6,43	6,33	6,23	6,14	6,08	6,03	6,02	5
5,46	5,37	5,27	5,17	5,07	4,98	4,92	4,86	4,85	6
4,76	4,67	4,57	4,47	4,36	4,28	4,21	4,16	4,14	7
4,30	4,20	4,10	4,00	3,89	3,81	3,74	3,68	3,67	8
3,96	3,87	3,77	3,67	3,56	3,47	3,40	3,35	3,33	9
3,72	3,62	3,52	3,42	3,31	3,22	3,15	3,09	3,08	10
3,37	3,28	3,18	3,07	2,96	2,87	2,80	2,74	2,72	12
3,06	2,96	2,86	2,76	2,64	2,55	2,47	2,41	2,40	15
2,77	2,68	2,57	2,46	2,35	2,25	2,17	2,10	2,09	20
2,51	2,41	2,31	2,20	2,07	1,97	1,88	1,81	1,79	30
2,32	2,22	2,11	1,99	1,87	1,75	1,66	1,57	1,55	50
2,18	2,08	1,97	1,85	1,71	1,59	1,48	1,38	1,35	100
2,07	1,97	1,86	1,74	1,60	1,46	1,34	1,19	1,14	500
2,05	1,94	1,83	1,71	1,57	1,43	1,30	1,13	1,00	∞
10	12	15	20	30	50	100	500	∞	ν_1 / ν_2

$F_{0,975}$ (8; 100) = 2,32

$$F_{0,025}(\nu_1; \nu_2) = \frac{1}{F_{0,975}(\nu_2; \nu_1)}$$

$$F_{0,025}(8; 100) = \frac{1}{F_{0,975}(100; 8)} = \frac{1}{3,74} = 0,267$$

ν_2 \ ν_1	1	2	3	4	5	6	7	8	9
1	4050	5000	5400	5630	5760	5860	5930	5980	6020
2	98,5	99,0	99,2	99,2	99,3	99,3	99,4	99,4	99,4
3	34,1	30,8	29,5	28,7	28,2	27,9	27,7	27,5	27,3
4	21,2	18,0	16,7	16,0	15,5	15,2	15,0	14,8	14,7
5	16,3	13,3	12,1	11,4	11,0	10,7	10,5	10,3	10,2
6	13,7	10,9	9,78	9,15	8,75	8,47	8,26	8,10	7,98
7	12,2	9,55	8,45	7,85	7,46	7,19	6,99	6,84	6,72
8	11,3	8,65	7,59	7,01	6,63	6,37	6,18	6,03	5,91
9	10,6	8,02	6,99	6,42	6,06	5,80	5,61	5,47	5,35
10	10,0	7,56	6,55	5,99	5,64	5,39	5,20	5,06	4,94
12	9,33	6,93	5,95	5,41	5,06	4,82	4,64	4,50	4,39
15	8,68	6,36	5,42	4,89	4,56	4,32	4,14	4,00	3,89
20	8,10	5,85	4,94	4,43	4,10	3,87	3,70	3,56	3,46
30	7,56	5,39	4,51	4,02	3,70	3,47	3,30	3,17	3,07
50	7,17	5,06	4,20	3,72	3,41	3,19	3,02	2,89	2,79
100	6,90	4,82	3,98	3,51	3,21	2,99	2,82	2,69	2,59
500	6,69	4,65	3,82	3,36	3,05	2,84	2,68	2,55	2,44
∞	6,63	4,61	3,78	3,32	3,02	2,80	2,64	2,51	2,41
ν_2 / ν_1	1	2	3	4	5	6	7	8	9

Tabelle 23 : Obere Schwellenwerte der F-Verteilung für $(1 - \alpha) = 0,990$ einseitig oder $(1 - \alpha/2) = 0,990$ zweiseitig in Abhängigkeit von den Freiheitsgraden ν_1 und ν_2

10	12	15	20	30	50	100	500	∞	ν_1 / ν_2
6060	6110	6160	6210	6260	6300	6330	6360	6370	1
99,4	99,4	99,4	99,4	99,5	99,5	99,5	99,5	99,5	2
27,2	27,1	26,9	26,7	26,5	26,4	26,2	26,1	26,1	3
14,5	14,4	14,2	14,0	13,8	13,7	13,6	13,5	13,5	4
10,1	9,89	9,72	9,55	9,38	9,24	9,13	9,04	9,02	5
7,87	7,72	7,56	7,40	7,23	7,09	6,99	6,90	6,88	6
6,62	6,47	6,31	6,16	5,99	5,86	5,75	5,67	5,65	7
5,81	5,67	5,52	5,36	5,20	5,07	4,96	4,88	4,86	8
5,26	5,11	4,96	4,81	4,65	4,52	4,42	4,33	4,31	9
4,85	4,71	4,56	4,41	4,25	4,12	4,01	3,93	3,91	10
4,30	4,16	4,01	3,86	3,70	3,57	3,47	3,38	3,36	12
3,80	3,67	3,52	3,37	3,21	3,08	2,98	2,89	2,87	15
3,37	3,23	3,08	2,94	2,78	2,64	2,54	2,44	2,42	20
2,98	2,84	2,70	2,55	2,39	2,25	2,13	2,03	2,01	30
2,70	2,56	2,42	2,27	2,10	1,95	1,82	1,71	1,68	50
2,50	2,37	2,22	2,07	1,89	1,73	1,60	1,47	1,43	100
2,36	2,22	2,07	1,92	1,74	1,56	1,41	1,23	1,16	500
2,32	2,18	2,04	1,88	1,70	1,52	1,36	1,15	1,00	∞
10	12	15	20	30	50	100	500	∞	ν_2 / ν_1

$F_{0,990}\ (8;\ 100) = 2,69$

$$F_{0,010}\ (\nu_1;\ \nu_2) = \frac{1}{F_{0,990}\ (\nu_2;\ \nu_1)}\ ;$$

$$F_{0.010}\ (8;\ 100) = \frac{1}{F_{0,990}\ (100;\ 8)} = \frac{1}{4,96} = 0,202$$

ν_2 \ ν_1	1	2	3	4	5	6	7	8	9
1	16200	20000	21600	22500	23000	23400	23700	23900	24100
2	198	199	199	119	199	199	199	199	199
3	55,6	49,8	47,5	46,2	45,4	44,8	44,4	44,1	43,9
4	31,3	26,3	24,3	23,2	22,5	22,0	21,6	21,4	21,1
5	22,8	18,3	16,5	15,6	14,9	14,5	14,2	14,0	13,8
6	18,6	14,5	12,9	12,0	11,5	11,1	10,8	10,6	10,4
7	16,2	12,4	10,9	10,0	9,52	9,16	8,89	8,68	8,51
8	14,7	11,0	9,60	8,81	8,30	7,95	7,69	7,50	7,34
9	13,6	10,1	8,72	7,96	7,47	7,13	6,88	6,69	6,54
10	12,8	9,43	8,08	7,34	6,87	6,54	6,30	6,12	5,97
12	11,8	8,51	7,23	6,52	6,07	5,76	5,52	5,35	5,20
15	10,8	7,70	6,48	5,80	5,37	5,07	4,85	4,67	4,54
20	9,94	6,99	5,82	5,17	4,76	4,47	4,26	4,09	3,96
30	9,18	6,35	5,24	4,62	4,23	3,95	3,74	3,58	3,45
50	8,63	5,90	4,83	4,23	3,85	3,58	3,38	3,22	3,09
100	8,24	5,59	4,54	3,96	3,59	3,33	3,13	2,97	2,85
500	7,95	5,36	4,33	3,76	3,40	3,14	2,94	2,79	2,66
∞	7,88	5,30	4,28	3,72	3,35	3,09	2,90	2,74	2,62
ν_2 / ν_1	1	2	3	4	5	6	7	8	9

Tabelle 24: Obere Schwellenwerte der F-Verteilung für $(1 - \alpha) = 0{,}995$ einseitig oder $(1 - \alpha/2) = 0{,}995$ zweiseitig in Abhängigkeit von den Freiheitsgraden ν_1 und ν_2

10	12	15	20	30	50	100	500	∞	ν_1 / ν_2
24200	24400	24600	24800	25000	25200	25300	25400	25500	1
199	199	199	199	199	199	199	200	200	2
43,7	43,4	43,1	42,8	42,5	42,2	42,0	41,9	41,8	3
21,0	20,7	20,4	20,2	19,9	19,7	19,5	19,4	19,3	4
13,6	13,4	13,1	12,9	12,7	12,5	12,3	12,2	12,1	5
10,2	10,0	9,81	9,59	9,36	9,17	9,03	8,9	8,88	6
8,38	8,18	7,97	7,75	7,53	7,35	7,22	7,10	7,08	7
7,21	7,01	6,81	6,61	6,40	6,22	6,09	5,98	5,95	8
6,42	6,23	6,03	5,83	5,62	5,45	5,32	5,21	5,19	9
5,85	5,66	5,47	5,27	5,07	4,90	4,77	4,67	4,64	10
5,09	4,91	4,72	4,53	4,33	4,17	4,04	3,93	3,90	12
4,42	4,25	4,07	3,88	3,69	3,52	3,39	3,29	3,26	15
3,85	3,68	3,50	3,32	3,12	2,96	2,83	2,72	2,69	20
3,34	3,18	3,01	2,82	2,63	2,46	2,32	2,21	2,18	30
2,99	2,82	2,65	2,47	2,27	2,10	1,95	1,82	1,79	50
2,74	2,58	2,41	2,23	2,02	1,84	1,68	1,53	1,49	100
2,56	2,40	2,23	2,04	1,84	1,64	1,46	1,26	1,18	500
2,52	2,36	2,19	2,00	1,79	1,59	1,40	1,17	1,00	∞
10	12	15	20	30	50	100	500	∞	ν_2 / ν_1

$F_{0,995}$ (8; 199) = 2,97

$$F_{0,005}(\nu_1; \nu_2) = \frac{1}{F_{0,995}(\nu_2; \nu_1)} ;$$

$$F_{0,005}(8;100) = \frac{1}{F_{0,995}(100; 8)} = \frac{1}{6,09} = 0,164$$

Aus der Tabelle 21 mit S = 0,95 entnimmt man zu $\nu_1 = 15$; $\nu_2 = 9$ den oberen Schwellenwert

$$F_{0,95}\,(15;9) = 3,01$$

Das bedeutet, mit einer Wahrscheinlichkeit von S =0,95 ist das Verhältnis $s_1^2/s_2^2 \leqq 3,01$

Unterer Schwellenwert zur statistischen Sicherheit S = 0,95 bei einseitiger Abgrenzung

$$F_{0,05;}(15;9) = \frac{1}{F_{0,95;}(9;15)} = \frac{1}{2,59} = 0,386$$

Mit der Wahrscheinlichkeit S = 0,95 ist das Verhältnis $s_1^2/s_2^2 \geqq 0,386$

b) Oberer und unterer Schwellenwert zur statistischen Sicherheit $\check{S} = 0,90$ bei zweiseitiger Abgrenzung. Aus den Beispielen a) kann man die Schwellenwerte entnehmen und findet, daß mit einer Wahrscheinlichkeit von $\check{S} = 0,9$ die Werte zwischen $0,386 \leqq s_1^2/s_2^2 \leqq 3,01$ liegen.

Schwellenwerte zur statistischen Sicherheit $\check{S} = 0,95$ bei zweiseitiger Abgrenzung.

Der Tabelle 22 entnimmt man

$F_{0,975}(15;9) = 3,77$

und

$$F_{0,025}(15;9) = \frac{1}{F_{0,975}(9;15)} = \frac{1}{3,12} = 0,320$$

Mit einer Wahrscheinlichkeit von $\check{S} = 0,95$ wird man das Verhältnis s_1^2/s_2^2 zwischen

$$0,320 \leqq s_1^2/s_2^2 \leqq 3,77$$

bei zwei Stichproben vom Umfang 16 bzw. 10 finden.

Man erkennt, daß durch die größere Wahrscheinlichkeit $\check{S} = 0,95$ auch der Bereich für s_1^2/s_2^2 größer geworden ist als bei $\check{S} = 0,90$.

3.6.2.6 Vergleich der einzelnen Verteilungen

Schon im Kapitel 3.6.1.5 wurde der Übergang von der Hypergeometrischen über die Binomialverteilung zur Poissonverteilung erläutert und mehrfach wurde darauf hingewiesen, daß für besondere Randbedingungen die diskreten Verteilungen gut durch die Normalverteilung angenähert werden. Ähnlich werden auch die F-, t- und χ^2-Verteilung entsprechend ihren Definitionen für Sonderfälle gut wiedergegeben.

a) Binomial-Verteilung ⟶ Normalverteilung

Die Binomialverteilung kann gut durch die standardisierte Normalverteilung angenähert werden, wenn die Bedingung

$$nP(1-P) \geqq 10$$
$$P \approx 0{,}5$$

erfüllt sind.

$$u = \frac{x - nP}{\sqrt{nP(1-P)}}$$

b) Poisson-Verteilung ⟶ Normalverteilung

Die Poisson-Verteilung wird für praktische Zwecke ausreichend durch die Normalverteilung angenähert, wenn

$\mu \geqq 10$

$$u = \frac{x - \mu}{\sqrt{\mu}}$$

c) F-Verteilung $\longrightarrow$ t-Verteilung

Für den Fall, daß $\nu_1 = 1$ und $\nu_2 = \nu$ ist, geht die F-Verteilung in die t-Verteilung über mit $F = t^2$.

d) F-Verteilung $\longrightarrow \chi^2$-Verteilung

Für den Fall, daß $\nu_1 = \nu$ ist und $\nu_2 \rightarrow \infty$ geht, wird die F-Verteilung gut durch die χ^2-Verteilung dargestellt mit $F = \chi^2/\nu$. Für praktische Fälle ist ab $\nu_2 > 100$ kein Unterschied mehr zu erkennen.

e) t-Verteilung $\longrightarrow$ Normalverteilung

Für $\nu \rightarrow \infty$ geht die t-Verteilung in die Normalverteilung mit $t = u$. Für die Praxis ist ab $\nu > 100$ eine ausreichende Übereinstimmung vorhanden.

f) χ^2-Verteilung $\longrightarrow$ Normalverteilung

Für $\nu = 1$ mit $\chi^2 = u^2$ sind χ^2-Verteilung und standardisierte Normalverteilung gleich.

Stichwortverzeichnis